소방인을 위한 심리학

김미라 · 김동영 · 최진 지음

도서출판 동화기술

머리말

심리학이란 무엇인가?

이런 질문을 선뜻 대답하기가 어려운 것은 학자들마다 정의가 조금씩 다르기 때문이다. 그러나 공통적인 한 가지는 심리학이 과학적으로 인간의 행동 및 이와 관련된 심리적, 생리적, 사회적 과정 등을 연구하는 학문이라는 것이다.

여기에서 한 가지 의문점이 든다. 왜? 사람의 마음을 연구하는 것보다 행동을 연구 하는가 이다. Psychology의 어원을 살펴보면 Psyche는 Breath of life / Soul of spirit : 영원 / 마음, Logos : Knowledge / Study : 지식. 즉, 마음을 공부한다(The study of the Mind)라고 정의 하는데, 마음을 연구하는 게 아니라 행동을 연구하는 학문이라는 정의가 어색할 수 있다. 그렇다고 심리학이 마음을 연구하는 학문이 아닌 것도 아니다. 단지 인간의 문제가 행동으로 나타난다는 것이다. 따라서 심리학자들은 인간의 행동을 연구하는 것이다. 그러나 인간의 많은 행동들은 매우 개인적이고 내적인 사건을 포함한다. 인간의 마음은 직접 관찰할 수는 없지만 마음이 어떤 과정을 통해서 행동으로 옮겨지는지 연구하는 학문이 심리학이다.

이런 심리학이 소방과 융합한 것이 소방심리학이다. 최근에 소방공무원들의 심리에 대한 관심이 증가하고 있지만 정확한 이해가 부족한 실정이기도 하다. 위험한 각종 재난을 책임지는 소방공무원들의 역할이 증가함과 동시에 그들의 심리상태는 심각한 위험에 노출되고 있다. 소방기본법령에 의하면 소방공무원은 화재를 진압하고 화재 · 재난 · 재해, 그 밖의 위급한 상황에서 구조 · 구급활동 등을 하는 특수직 공무원이라고 정의되어 있다. 재난현장에 제일 먼저 출동하여 각종 위험에 노출되고 사고 희생자 또는 동료들의 위험을 목격하는 경우를 빈번하게 경험하게 된다. 또한 심리적 손상과 고통을 유발하는 극심한 외상사건에 노출된 이후 겪게 되는 외상후 스트레스 장애는 일반인보다 소방공무원에게 높게 나타나며 수면장애, 직무스트레스, 우울증, 알코올 중독 등에 의한 삶의 질 저하를 초래하고 있다. 소방공무원들은 국민의 생명과 안전을 지키는 업무에 종사하면서도 정작 자신의 생명과 안전은 보호받지 못하고 있다. 소방공무원들의 정신건강이 무너지면 국민의 생명과 재산의 안전 역시 심각한 위험에 노출될 수밖에 없다.

최근 들어 소방공무원의 정신 건강에 대한 관심이 높아지면서 여러 심리학 교재들이 출판되고 있지만 아직까지 소방공무원들의 입장에서 그들이 느끼는 심리적 어려움을 포함한 심리학 개론서가 부족한 실정이다. 이에 집필자들은 방대한 심리학 내용 중 소방공무원들에게 필요로 하는 내용을 선별하여 소개하고자 하였다.

이 책의 집필에 참여하신 교수님들은 다음과 같다. 제 1장 '심리학이란 무엇인가'는 김미라 교수님, 제 2장 '인간의 신경과학과 행동', 제 3장 '수면과 감각의 지각'은 최진 선생님, 제 4장, '동기와 정서', 제 5장, '정서', 제 6장, '귀인이론'은 김미라 교수님, 제 7장, '성격심리학과 자아심리학'은 최진 선생님, 제 8장 '발달 심리학'은 김미라 교수님, 제 9장, '사회심리학'은 최진 선생님, 제 10장 '언어 및 사고', 제 11장 '스트레스 대처', 제 12장 '심리검사와 측정', 제 13장 '이상행동의 심리학'은 김동영 선생님이 집필하였다.

우리나라에서 그동안 여러 권의 소방심리학 책들이 출판되었지만 소방공무원의 입장에서의 심리학을 반영하는 것이 필요하다는 생각에서 소방공무원이 학습해야 할 내용을 중심으로 집필하였다.

다수의 집필자들이 하나의 책을 완성하기 위해서 용어의 통일성과 내용의 일관성을 유지하기 위해 노력하였다. 집필자들의 이 책을 쓰기 위해서 각고의 노력을 기울였지만 여러 부분에서 보완해야 할 점이 많으며 부족하리라 생각한다.

끝으로, 이 책이 나오기까지 많은 분의 수고가 있었다. 먼저, 바쁜 와중에도 집필자들의 원고를 모아 편집하고 교정하느라 고생하신 동화기술 편집부 여러분의 노고에 감사드리고, 집필에 참여하신 저자 분들께도 깊이 감사드린다.

차례

Chapter 1 심리학이란 무엇인가?

01 심리학의 이해 9
02 심리학의 역사 12
03 심리학의 분야 18

Chapter 2 인간의 신경과학과 행동

01 신경계 23
02 뇌 27

Chapter 3 수면과 감각의 지각

01 수면(sleep) 33
02 꿈(dream) 34
03 감각 35
04 시각 37
05 청각 39
06 지각 40

Chapter 4 동기와 정서

01 동기의 개념 47
02 동기이론 48
03 동기의 유형 55

Chapter 5 정서

01 정서적 개념 59
02 정서유발이론 60
03 정서의 종류 61
04 정서의 특성 62
05 정서의 표현과 조절 64

Chapter 6 귀인이론

01 귀인이론 개념 67
02 귀인의 원인 70
03 귀인에 영향을 미친 요인 72

Chapter 7 성격심리학과 자아심리학

01 성격심리학 73
02 성격이론의 변천 74

Chapter 8 발달심리학

01 발달의 정의 97
02 인지 발달 97

Chapter 9 사회심리학

01 사회심리학 107
02 사회심리학의 사회적 사고 113
03 사회심리학의 태도 116
04 사회심리학에서의 태도변화 118
05 사회적 영향 122
06 사회적 관계 129

Chapter 10 언어 및 사고

01 언어와 사고 135
02 언어구조 135
03 언어이해 136
04 언어처리과정 136
05 언어산출 138
06 언어와 사고에 관한 심리학 이론들 138
07 개념과 범주화의 구조에 관한 심리학 이론들 141
08 문제해결 142

Chapter 11 스트레스 대처

01 스트레스 145

Chapter 12 심리검사와 측정

01 심리검사 155
02 지능 162

Chapter 13 이상행동의 심리학

01 이상심리학 일반 167

Appendix / 177
참고문헌 / 207
찾아보기 / 209

심리학이란 무엇인가?

01 심리학의 이해

심리학이란 무엇일까? 여러분은 심리학이란 무엇이라고 생각하는가? 심리학을 이해하기 위해서는 먼저 인간에 대한 궁극적인 이해를 파악해야 할 것이다.

심리학은 다른 과학에 비해 '과거는 길지만 그 역사가 짧다'라는 현대학문이다. 19세기 초에 철학에서 분리한 후 여러 가지 이론의 접근 방법이 제시되어 왔다.

이처럼 태고부터 사람들은 의식적·무의식적으로 인간의 마음에 대해 궁금해 왔고 인간의 마음을 연구해 왔지만 학문으로서 체계화, 객관화, 과학화를 한 것은 19세기 이후부터였다.

그러므로 심리학의 정대한 학문적인 정의로 인간의 행동과 정신과정에 대한 체계적인 연구를 일반적으로 받아들이고 있다. 심리학의 특징을 다음과 같이 들 수 있다.

첫째, 심리학을 배우는 목적을 분명히 한다. 인문학이나 사회과학의 학문 분야들이 인간에 대한 이해에 기여하고 있다.

둘째, 심리학의 정의와 심리학의 흐름 이해를 명확히 한다. 심리학의 핵심적인 요소를 가지고 있다.

셋째, 다양한 정보를 얻어 학습자의 이해와 효율성 제시가 가능해야 한다.

넷째, 심리학에 대한 막연한 두려움이 아닌 과학적 방법이라는 것을 분명히 안다.

다섯째, 심리학은 결국 인간에 대한 이해다. 인간에게 안전은 기본적인 본능인 욕구임에도 불구하고 우리가 안전에 대해 잘 모르는 것처럼 책이나 그것을 아는 누군가에 의해 배워야 한다. 그러므로 심리학은 인간이 가지고 있는 의식의 작용과 현상으로 우리 주위의 모든 관계를 살핀다면 쉽게 이해가 될 수 있다.

여섯째, 기억구조와 정신과정을 과학적으로 분석해야 한다. 현대 심리학을 태동으로 19세기 후반 이전에도 많은 철학자나 의학자가 인간의 뇌기능과 정신과정에 대해 여러 가지 주장을 해왔다.

일곱째, 심리학은 인간의 마음과 행동의 연관을 연구하고 이를 이해하고자하는 정신과정을 과학적으로 연구하는 학문이다. 심리학자들은 인간의 행동을 기술하고, 설명하고 예측하며 통제하기를 원한다.

여덟째, 과학적 연구방법과 증거를 도출되는 것은 과학적 통찰을 할 수 있도록 돕는다.

1) 심리학이란 무엇인가?

심리학(Psychology)은 Psycho(마음, 영혼, 심리, 정신)+logy(학문)의 합성어로써 인간은 동물의 행동은 외부적인 행위와 반응, 정신은 내부적인 행동을 심리적·생리적·사회적 과정을 과학적으로 연구하는 학문이다.

▮ 심리학을 공부하는 이유

① 가족이나 친구 및 직장동료들과 좋은 관계를 가지기 위해 노력하고자 할 때
② 직업활동 중에 생기는 스트레스와 불안 등을 줄일 수 있는 방법을 찾고자 할 때
③ 타인이 어떤 마음을 가지고 있는지를 알고자 할 때
④ 심리학에 관심이 많아서 배우고자 할 때

▮ 심리학과 소방분야의 연계

힘·용기·결단·헌신·이타심이 우리가 어떻게 행동해야 하는지에 대한 역할모델로 적절하다고 말하는 사람들이 많다. 사람이 생명을 구하고 새끼 고양이를 구조하는 것이 다른 사람들의 업무와 무관하다고 해도 소방관들이 훈련하는 방식을 알게 되면 누구라도 긴박한 상황에 대처를 잘 해낼 수 있을 것이라는 가설을 세운다. 행동과학자 웬디정의 연구팀은 업무의 판단착오를 줄이는데 효과가 있는 훈련 프로그램의 유형을 연구하였

다. 연구팀은 긴박한 상황에서의 중요한 의사결정을 해야 하는 사람들을 대상으로 실험에 들어갔다. 연구팀은 실험에 참가한 소방관들에게 두 그룹이 각각 다른 사례가 포함된 훈련 및 개발 프로그램을 제공하였는데, 한 그룹은 다른 소방관들이 결정을 잘못 내려서 실제로 안 좋은 결과를 초래한 사례로 배웠다. 다른 그룹은 소방관들이 결정을 잘해서 나쁜 결과를 피할 수 있었던 사례를 가지고 배웠다. 연구팀의 분석 결과와 실패 사례로 훈련을 받은 소방관들이 성공 사례로 훈련을 받은 소방관들보다 판단력이 더 향상된 것으로 나타났다.

훈련이란 다른 사람들에게 영향을 미치는 방법을 학습하는 것이다. 일반적으로 훈련의 초점을 긍정적인 부분 또한 옳은 결정을 내리는 쪽에만 맞추는 조직들이 많다. 하지만 이 실험의 결과로 볼 때, 사실 훈련 프로그램의 상당 부분은 다른 사람들이 과거에 대한 실수와 그 실수를 피할 수 있었던 요령과 앞으로 닥칠 상황에 대처하는 방법 등으로 구성되어야 한다. 비슷한 상황에서 어떤 조치를 취한다는 것이 가장 적합할지 토론한 다음 구체적으로 사례를 살펴보고 다른 소방관의 개인적인 실수담을 들어보는 방법으로 훈련을 진행해야 한다.

훈련이 전반에 걸쳐 발생되는 문제들은 광범위하게 경험함으로 문제를 해결하거나 실생활에 유용하게 활용하자면 다양한 이론과 자료가 필요하다. 따라서 소방안전교육사로서 함께 힘을 모아 다양한 자료를 구축할 수 있는 열린 마음이 필요하다. 아직 우리나라에선 초창기인 소방안전교육을 위한 현장에서의 구체적인 자료가 매우 부족하다. 이에 선진국의 시행착오적 다양한 자료에서 우리에게 맞는 것을 찾고 배울 수 있는 자세가 필요하며 지식을 연계화, 구체화하여 실제 소방안전교육현장에서 쓸 수 있게 해야 한다.

대부분 교육에 있어서 '이론은 교육학에서 방법은 심리학에서 시작한다.'는 말이 있다. 그러므로 소방안전교육을 지도할 때 두 흐름을 정확히 숙지해야 하는 이유가 여기에 있다.

02 심리학의 역사

1) 과학 이전의 심리학

과학 이전으로서의 심리학은 고대 희랍시대부터 중세기까지는 주로 철학적 접근의 시기이며 영혼에 대한 탐구가 시작되었다. 영혼과 심리학의 합성어인 영혼심리학은 마음을 구성하는 실체를 영혼이라고 불렀다. 영혼에 대한 경험에 의하지 않고 순수한 이성에 의하여 인식하고 설명하는 사변적, 형이상학적 탐구와 추론이 주를 이루었다.

고대

기술발달이 미미하고 표현하기 힘든 영역으로 주로 신화를 사용하여 인간 형상을 설명하였고 인간에 대한 탐구가 주된 관심사였다. 그 당시 학자들은 인간의 마음이 심장에 있다고 하였으며 현재 학자들은 인간의 마음이 두뇌에 있다고 하는 내용과 상반된다. 이러한 연구는 인간의 마음의 움직임을 알리고자 노력하였다.

중세

스콜라 철학인 신 중심과 르네상스의 인간 중심으로 '신은 영혼에 진리의 씨앗을 넣어준다.' 생각하면서 신의 가치를 절대적으로 보았고 신이 인간과 자연까지도 지배한다고 믿었다. 히포크라테스(Hippocrates)는 정신과정, 정신병, 체액 등에 관한 연구를 하면서 인간의 영혼은 신체와 관련 있다고 하는 심신상관론을 주장하였다. 성격을 체액에 따라 성격 특성을 분류한 네 가지 기질 다혈질(혈액(blood)), 담즙질(황담즙질(bile)), 우울질(흑담즙질(black bile)), 점액질(phlegm)은 성격 연구에 영향을 주었다. 플라톤(Plato)은 영혼과 신체가 별개로 존재한다는 심신이원론을 주장하였다. 영혼은 정신실체로 관념과 고귀한 이성을 자리하고 있으며, 신체 속에는 현상의 세계 속에 의지와 정욕이 자리 잡고 있다고 하였다.

아리스토텔레스(Aristotle)는 최초의 심리학책에서 '정신론' 심신일원론을 주장하였다. 즉 신체와 생명이 있게 하는 것은 영혼이며 이 영혼은 마음이라고 하였다. 마음을 유기체의 기능으로 보았다. 르네상스 시대에 인간에 대한 종교적, 형이상학적 접근부터 경험적 접근을 시도하였다. 17~18세기 영국에서 경험주의 주장한 로크(Locke), 밀(Mill), 스펜서(Spencer) 등이 경험적인 심리학을 탄생시켰다.

2) 19C 과학시대의 심리학

근대 · 현대 심리학

철학에서 인식론 관점은 인간을 어떻게 이해할까? 가장 큰 문제이고 수동적 관점에서는 인간은 백지와 같아서 외부 경험에 의해서 다들 달라진다고 생각하였다.

그러나 근대시대는 유물론에 관심을 갖게 되었다. 심리상태는 자극에 대한 반응일 뿐 인간을 주어진 환경에서 일정한 방식으로 반응하는 기계와 같은 존재로 본다는 것이 유물론적인 관점이다. 특히 유럽인 영국은 경험주의와 독일과 프랑스는 이성주의 심리학이 주를 이루었다. 신보다 인간의 이성을 중시하였고, 인간 삶을 약육강식에 의해 지배된다고 믿었다. 행동주의는 미국의 심리학자 왓슨(Watson)에 의해 새로운 심리학으로 태동을 이루게 되었다. 진화론의 의해 인간은 끊임없이 환경에 변화되고 발전 퇴보된다고 생각을 하였다. 르네상스 이후 산업혁명, 제국주의, 세계대전을 거쳐 인간이 모든 세상의 중심이고 자연까지도 변화시킬 수 있다고 보았다.

3) 과학시대 이후의 심리학

구성주의 접근

현대 심리학의 창시자이며 실험심리학의 창시자로 알려져 있다. 1858년 하이델베르크대학교에서 물리학자이자 생리학을 공부한 빌헬름 분트(Whilhelm Wundt ; 1832~1920)가 1862년 라이프치히 대학에 세계 최초의 심리학 실험실을 설립하여 과학 이전의 경험적 심리학을 본격적인 과학의 길로 이끌었다. 실험실에서 의식을 연구대상으로 과학적인 접근을 시도한데서 시작되었다고 할 수 있는데 이로 인해 분트(Wundt)는 현대 심리학의 아버지라고 불린다. 이때부터 세계 각지의 유명한 신진 심리학자들이 모여서 이 실험실에서 심리학 발전에 커다란 역할을 하였다. 분트는 의식 속에 있는 구성하는 요소들을 알아보고자 했기에 구성주의라 불린다. 즉, 자신의 마음을 내성적으로 고찰해 여러 심리상태들 사이의 규칙적 연관성을 설명한 학파를 말한다. 구성주의 인본주의는 이러한 다양한 관점에 바탕을 둔 것이다. 구성주의 학자로는 분트, 마르크스, 니체, 바슐라르, 게루 등이 있다.

기능주의 접근

기능주의 심리학은 미국의 시카고를 중심으로 실용주의 학파인 윌리암 제임스(Willam James), J. R. 엔젤(J. R. Angell), 존 듀이(John Dewey) 등에 의해 확장되고 발전하였으며 이들은 기능주의 심리학을 교육에 적용한 선구적인 역할을 하였다. 기능주의 대표학자 윌리암 제임스(1842~1910)는 의식이 하는 기능을 규명하였다. 인간을 이해하기 위해서 무엇을 보고 느끼며 생각하는가의 내용적 의식을 분석하지 않고 의식의 전체적인 기능 의식의 흐름에 따른 의식작용과정과 의식의 기능을 연구해야 한다고 주장하였다. 실험으로 측정된 의식 작용의 성과물을 쓸모 있게 이용하여 인간이 실 생활에 잘 대처하기 위해 (잘 보고, 듣고, 느낌)하고 인간이 추구하는 목표를 잘 달성할 수 있게 실용적으로 접근하였다. 기능주의는 중간의 입장에 있지만 유물론적 관점에 더 가까운 것이다. 인간을 유기체로 보았으며 인간의 모든 행동을 기능적으로 보았고 유기체가 지각 능력을 가지고 환경에 기능을 어떻게 하는가? 관심을 가졌다. 기능주의는 '기능', '역할', '작용'이라는 관점에서 의식, 사물을 본다. 즉, 기능주의는 마음은 프로그램의 체계일 뿐이고 각종 컴퓨터 과학의 발전과 그에 고무된 생각에 의해 '마음은 프로그램의 결합체'에 의해 결정되며 결국 인간의 두뇌와 동일시하는 입장을 취하고 있다.

행동주의적 접근

행동주의 창시자이며 미국 심리학자인 존 왓슨(John B. Watson ; 1878~1958)에 의해 새로운 심리학으로 태동되었다. 모든 행동을 환경 내의 어떠한 자극과 반응과 관계에서 S－R이론이라고 한다. 학습에 의한 행동(자극－반응) 중시하였다. 보상, 강화, 처벌의 외적 자극상황에 반응한다는 관점을 두었으며 적용에서는 교육, 학습, 심리 치료 중 외부의 자극, 학습의 결과물을 유물론적인 관점은 심리상태의 자극에 대한 반응일 뿐 인간을 주어진 환경에서 일정한 방식으로 반응하는 기계와 같은 존재로 본다. 이 접근 방법에서는 모든 행동은 학습에 의해 형성되며, 성숙에 의한 기본적인 행동양식 이외에는 인간이 백지 상태로 태어난다고 본다. 행동주의는 인간의 행동이란 외부적인 관점으로 초점을 맞춘 것이다. 따라서 그 이후의 모든 행동은 학습에 의해 결과이며 그 과정을 철저히 분석하는 것이 심리학의 목표하고 한다.

정신분석적 접근

정신분석은 20세 심층심리학의 이론체계이자 심리치료방법이다.

지그문트 프로이드(Sigmund Freud ; 1856~1939)는 정신장애의 심리적 원인은 무의식의 갈등에 의해서 유발될 수 있음을 체계적으로 제시했을 뿐만 아니라 정신장애를 치료할 수 있는 구체적인 심리적 방법을 제시하였다. 특히 꿈 분석, 자유연상법을 임상에 적용하였으며 인간의 모든 행동에는 비합리적인 힘, 무의식적 동기가 있으며 생후 첫 5년 동안의 주요한 심리성적인 경험이 개인의 성격을 결정한다는 것이다. 정상적인 성격 발달은 심리성적 발단단계를 성공적으로 해결하고 통합하는 과정을 통해 형성된다. 하지만 구체적인 단계를 적절하게 해결하지 못한다면 잘못된 성격이 발달된다.

인본주의적 접근

인간을 이해하려면 인간을 하나의 전체적 유기체로 연구해야하며 인간의 고유성과 특유성을 인정하고 능동적 행위에 중점을 두었다. 인간의 잠재능력을 신뢰하고 인간의 기본적인 동기로서 성장 동기를 강조한다. 인간은 선천적으로 내적욕구를 가지고 태어나며 이러한 욕구를 만족시키기 위해 노력하는 것은 자아실현의 추구이다. 과거의 무의식적 갈등에 초점을 두는 정신분석에 반발하면서 발전해 간 것이 인본주의적 접근 방법으로 현재 인간에 대한 받아들임과 발달을 강조하고 있다. 인본주의 심리학을 질병 중심의 의학적 모델에 대립하는 것으로 변화를 중심으로 하는 건강 모델을 제공하였다. 에이브러햄 매슬로(Abraham H. Maslow)는 초기 인본주의의 심리학자이며 자아실현, 즉 성장을 위한 인간의 타고난 잠재력을 발휘할 것을 강조했다. 아들러는 개인심리학이 내담자 자신과의 세계에 대한 신념 그리고 세계 안에서 어떻게 할 것인가에 대한 생각과 신념을 주시하고, 이해하며, 변화할 수 있도록 격려하는 인지적 접근방법에 가깝다(백중열, 2008 : 80). 치료자들은 내담자들이 기존의 생각과 신념과 도전하고 자신의 고정된 행동 유형을 변화시킬 수 있도록 과제를 설정해 준다. 내담자들은 자신의 강점을 높이 평가하고 사회에 보람 있는 공헌을 할 수 있는 평등한 사회구성원이라는 것을 인정하도록 격려 받는다.

아들러(Adler)는 사람의 행동, 사고, 감정을 하나의 일관된 전체로 보아야 한다고 했다. 사람들은 그들 자신과 세계와 세계 속의 사람들에 대한 관점을 형성하고 그 세계에서 행동하는 법을 형성하게 되며 그렇게 형성된 생활양식 속의 생각과 신념은 일반화된다. 아들러는 모든 행동에는 목적이 있다고 했다. 누군가의 행동을 이해하기 위해서 우리는 그들이 그렇게 행동함으로서 무의식적으로 추구하는 목적이 무엇인지를 알아야 한다. 아들러는 개인의 생활양식은 유아기에 자신과 첫 관계를 맺는 사람들로부터 이루어지고 가족들에 의해 많은 부분이 형성된다고 보았다. 또한 그는 치료에서 내담자의 병을 치료하는 것이 아니라 개인의 생활양식, 삶을 보는 방식을 수정하는 것을 목표로 삼았다(Adler, 1985).

교류분석적 접근

교류분석(Transactional Analysis : TA)철학은 모든 인간이 긍정적이며, 사고능력을 갖고 있으며 인간은 자신의 운명을 결단하며, 그 결단은 변화가 능하다(우재현, 2007). 인간관계 교류를 분석하는 것으로 인간관계가 존재하는 모든 장면에 적용할 수 있는 이론이다. 교류분석(Transactional Analysis : TA)은 개인의 성장과 변화를 위한 체계적인 심리치료 기법, 성격이론, 아동발달이론, 정신병리학 이론이다. 오늘날에는 TA는 정신치료 상담, 교육, 조직, 영역으로 그 범위가 확장되어 적용되고 있다. 또한 자아상태 모델을 통해 인간의 성격이 어떻게 가능한 지를 설명하는데 도움을 주기도 한다. 현재 생활패턴이 어린 시절로부터 어떻게 유래가 되었는지 그리고 어린 시절의 전략이 고통스러운 결과를 초래하더라도 성인기에 어떻게 재연되는지를 설명하는데 도움을 주는 이다. 일상의 문제점에서부터 중증 정신병에 이르기까지 모든 종류의 정신장애를 치료하는데 사용되며, 개인, 집단, 부부 및 가족 상담에 도움주기도 한다(정원철, 2015). TA 분석의 기본적 4단계는 다음과 같다.

① 개인의 인성을 분석하는 구조적 분석
② 사람들이 서로서로 행하고 말하는 것을 분석하는 상호 교류적 분석
③ 결말로 있는 교류의 이면을 분석하는 게임 분석
④ 한 개인이 생활 속에서의 역할인 인생의 입장을 분석하는 각본 분석

생태학적 접근

생태학(ecological theory)은 브론펜브레너(Bronfenbrenner ; 1986~1993)가 주장한 것으로 다양한 환경의 역할과 그것이 개개인과 가정의 기능에 어

떻게 주는가에 우리가 관심을 갖게 한다. 원래 생태학은 자연과학 영역에서 생물 집단과 환경과의 상호관계를 고찰하는 자연 생태학에서 발달한 학문으로, 이를 인간과 생활과 환경과의 관계, 즉 모든 개체들이 서로에게 어떻게 적응해 나가고 맞추어 나가는가에 특별히 초점을 맞춰 접근한 이론이다.

생태학적 관점의 환경개념은 대인간 구조로부터 출발한다. 그것은 대인간 구조가 환경의 체계로 설명될 수 없으나 인간은 기본적으로 인간과의 상호작용에서 영향을 주고받기 때문이다. 대인간구조의 기본단위는 이원체제이다. 개인이 환경 속에서 다른 사람의 활동에 주의를 기울이거나 참여할 때마다 하나의 관계가 성립되는데 이때 관계가 양방에 모두 존재하면 이원체제가 성립된다. 이러한 관계체제는 그 자체가 발달을 위한 결정적인 맥락을 구성할 뿐만 아니라 미시체제의 기초단위가 되어 보다 더 확대된 대인간의 구조인 3인 체제, 4인 체제 등을 형성한다. 이원체제는 상호배타적인 것이 아니며 여러 경로를 거쳐 발달과정에 영향을 미치게 되지만 한 장면에서 작용하는 대인간의 체제는 반드시 이원체제에 그치는 것이 아니다. 다시 말하면 이원체제에 대한 제3자의 간접적인 영향도 고려되어야 한다. 아동의 경우, 양육자와 아동사이에 점차 복잡해져 가는 상호작용과 정서적 애착이 형성되고 유지되는 것은 상당부분 제3의 성인이 있어서 얼마나 활동에 참여할 수 있느냐 하는 정도에 달려 있다.

생태학적 이론에서는 진화적 시간에 따른 유전적 변화뿐만 아니라 성숙 및 선택과정에 의해 인간이 형성된다는 발달 관을 갖고 있다. 이러한 관점에서는 인간은 환경과의 상호교류를 지지 또는 방해하는 유전적 잠재력을 가지고 태어난다고 보고 있다. 생태학적 이론에서는 다양한 체계수준에서 이루어지는 개인들 간의 관련성을 강조한다. 브론펜브레너(Bronfenbrenner ; 1979)는 생태학적 환경을 개인을 둘러싸고 있는데 네 가지 수준의 체계들 사이의 위계질서라고 한다. 가족은 생태학적 이론에서는 개인을 그가 처해 있는 환경적 맥락에서 이해해야 한다. 하트먼(Hartman)은 인간의 환경 중에서 가장 중요한 부분이 바로 가족이라고 하였다. 사회문화 체계는 인간을 문화를 형성함과 동시에 문화적으로 형성된 존재로 보기 때문에, 인간을 정확히 이해하기 위해서는 광범위한 문화적 및 역사적 맥락을 이해해야만 한다. 생태학적 이론에 근거를 두고 있는 생활모형(life model)에서는 내담자가 환경과 상호 교류하는 과정에서 어느 정도의 적합성을 성취하는가에 초점을 두고 있다. 즉, 생활모델에서는 환경과의 상호 작용 과정에서 개인이 특별한 생활과업과 성숙 욕구를 충족시킬 수 있는 적합성을 성취함으로써 건강한 삶을 영위할 수 있다고 본다. 생태학적 이론에서는 환경과 상호작용하는 개인을 개입의 기본단위로 보고 있지만 개인뿐만 아니라 가족, 지역사회 또는 전체 사회에 개입할 필요성이 있다는 것을 인정하고 있다.

인지주의 접근

인간은 인지적으로 충분히 자발적 능동적인 존재로 상황에 대처해 나간다. 인지주의는 인간의 인지 내부의 관점에 초점을 맞춘 것이다.

제 2차 세계대전 후 과학기술의 급격한 발달로 인하여 컴퓨터의 사용 발달과 행동주의로는 설명이 인간의 복잡한 내적 기능 연구가 활발히 진행을 한다.

03 심리학의 분야

앞에서 살펴본 것처럼 심리학(psychology)은 인간 및 동물의 행동과 마음상태를 과학적으로 연구하고 경험하는 과목으로써 인문과학을 시작으로 여러 분야 경제, 공학, 소방, 군, 경찰 등에 이르기까지 많은 분야에서 공헌을 하고 있다. 다시 말해 사람이 살아가는 과정에서 펼쳐진 모든 상황에서의 인간의 사고와 행동에 관한 연구인 것이다.

심리학 분야는 크게 두 개로 나눌 수 있다. 첫째는 기초심리학이고, 둘째는 응용심리학이다. 기초심리학은 사람에 대한 이해와 설명을 할 수 있으며, 여러 연구방법을 사용하여 사람의 마음과 행동을 예측하고 통제할 수 있는 기법을 개발하는 것이다. 기초심리학과 응용심리학은 다음과 같다.

1) 기초심리학 분야

사회심리학

사회적 동물인 인간이 어떤 심리와 행동을 가지고 어떻게 형성되고 발달하는지 그리고 변화하는지를 연구하는 심리학 분야이다.

예를 들면, 폭력 및 공격성, 사람 간에 대한 편견, 매력, 집단역할, 요구조사의 태도의 형성 및 변화 등이 있다.

발달심리학

사람이 태어나면서 죽을 때까지 인간의 발달과 변화를 설명하는 심리학 분야이다. 다시 말해 전 생애적 접근을 통해 기술된다. 이는 아동학, 청소년학, 노인학 등에 학문적 기초가 된다.

성격심리학

사람의 성격이 어떻게 형성되고, 어떤 성격이 존재하며, 성격마다 차이점에 관한 연구이다.

생리심리학

사람의 마음과 행동을 생리적, 생물학적 관점에서 기초를 연구하는 학문이다. 사람의 뇌에 관한 연구가 여기에 포함된다.

실험심리학

실험심리학은 하나의 독자적인 학문 분야라기보다는 실험을 중심으로 하는 심리학의 모든 분야에서 심리학 연구에 기초적인 연구방법론을 제공한다.

학습심리학

사람이 세상을 살아가면 습득하게 되는 지식을 어떻게 획득하는지에 관해 연구한다.

인지 / 지각심리학

세상에 대한 정보를 어떻게 받아들이고 처리하는지를 다루는 심리학이다. 사람의 사고, 주의, 작업기억 장기기억, 개념과 범주화, 언어, 문제해결 등을 연구대상으로 한다.

계량심리학

심리측정, 심리과정에 대한 수리적 모델링 등 양적인 연구를 전통을 강화시켜 온 중요한 연구 분야이다.

2) 응용심리학

응용심리학은 기초심리학을 바탕으로 그 이론과 연구결과를 현장에서 어떻게 도움이 될 수 있는지에 관해 연구하고, 그 결과를 가지고 사람의 심리와 행동을 이해하고 통제하는데 중점을 두고 있다.

임상심리학

정신병리를 겪고 있는 사람의 비정상적인 행동을 진단하고 치료를 하고자 하는 분야이다. 예를 들면 각종 심리검사, 채점 및 채점 해석 등이 있다.

상담심리학

임상심리에서 다루는 사람들보다는 비교적 가벼운 성격장애, 일반적 부적응 문제, 대인관계 갈등, 가족 문제, 진로, 이성문제, 성격문제 등을 다루는 분야이다.

교육심리학

교육현장에서 이루어지는 학습, 교수법, 학습동기 및 효율성, 평가 등 보다 나은 방식으로 설계하는 분야이다.

산업 및 조직심리학

심리학적 지식을 활용하여 산업 및 조직 현장에 적용해 조직의 효율성을 증진시키고 생산성을 높이기 위한 분야이다.

소방심리학

각종 사고현장에서 소방공무원들이 겪는 스트레스 및 PDST 등 심리적 위험을 인식하게 하고 이를 극복 및 치유할 수 있도록 하는 분야이다.

3) 심리학 연구 방법론

심리학의 연구는 과학적 방법의 네 단계를 거쳐 연구를 한다. 첫째로는 연구문제를 설정하는 것이다. 어떤 연구를 할 것인지를 결정하는 단계이다. 두 번째로는 가설을 개발한다. 이는 연구를 통해서 검증될 어떤 특정을 진술하는 것이다. 세 번째로는 가설을 검증하는 단계이다. 가설을 검증하기 위해서 검증할 자료를 구하기 위하여 표본을 추출하고 추출된 표본을 대상으로 변수를 측정하게 된다. 마지막으로는 가설에 대한 결론이다. 이는 가설 검증을 통해 결과를 산출하고 이에 따라 자신의 가설에 대한 결론을 내리는 단계이다.

가설검증의 위해 사용하는 표본조사

설문지를 이용하거나 면접을 통해 표본 집단에 대하여 연구를 한다. 여기에서 설문지는 사람들이 자신의 행동, 태도, 의견을 스스로 기술하는 것이다. 설문지를 사용하는 것은 많은 사람들의 행동과 태도, 의견을 개량화하고 일반화 할 수 있는 장점이 있다. 즉 이는 양적연구라고 할 수 있다.

사례연구

특정 개인, 집단 또는 상황에서 발생한 현상에 대해 집중/심층 연구하는 것이다. 현상이 아주 복잡하거나 비교적 희귀한 경우에는 사례연구가 아주 유용하다. 이는 질적 연구에 속한다. 사례연구의 단점은 일반화의 어려움이다. 이는 특정사례가 전체를 대표하는 표본이라 할 수 없기 때문이다. 반면 장점으로는 특정한 사람에 대한 정확한 정보와 치료방접을 개발할 수 있다.

자연적 관찰

일상생활에서 그 현상을 자연스럽게 관찰하며 연구하는 방법이다. 이는 인위적인 조작이나 행동을 유발하지 않고 연구 대상자들의 자연적 관찰 실제적인 생활을 연구하는 것이 장점이다.

실험

연구방법에서 가장 선호하는 것이다. 실험에서 참여자들이 처한 환경에 대해 인과관계를 확실히 파악할 수 있다.

인간의 신경과학과 행동

01 신경계

1) 신경과학과 뉴런의 구조와 기능

▌ 신경과학

신경과학에서 인간의 행동에 영향을 미치는 다양한 모든 심리적 현상은 생물학적인 것이며, 인간의 생각이나 감정, 충동 등이 모두 생물학적인 사건이라고 말한다. 또한 인간의 정신활동 과 인간의 의식(consciousness)을 신경세포의 활동으로 설명할 수 있다. 최근 연구에서 신경세포가 전기적 신호와 화학적 메시지를 다른 세포에게 보내며 의사소통을 한다는 것을 발견하였다.

▌ 신경계의 세포 : 뉴런

뉴런은 신경계가 어떻게 행동을 통제할 수 있는가를 이해하는 세포이다. 뉴런이 뇌와 신체 간에 신경 신호를 어떻게 전달하는지를 알아보자.

뉴런의 형태 ▶

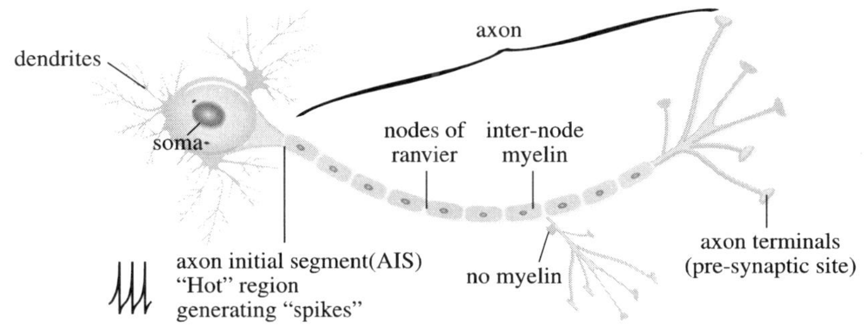

① 세포체(soma or cell body) : 뉴런의 핵심부분이다. 이는 다른 체세포에서 수상돌기를 통해 들어오는 정보를 통합해 축색으로 전달하고 세포의 생명 유지 역할을 한다. 그리고 뉴런은 대부분의 신경전달물질 또는 정보들을 처리하거나 전달하는데 필요한 화학물질을 생산하는데 중요한 기능을 수행한다.

② 수상돌기(dendrite) : 나뭇가지 모양의 기관으로 외부 뉴런들로부터 정보들을 받아들이는 역할을 하며 수용기에 신경전달물질을 결합시키는 방식으로 메시지를 받아들인다.

③ 축색(axon) : 세포체의 경계부분에서 시작하는 길고 가르다란 신경섬유로 다른 뉴런에게 정보를 보내는 역할을 한다.

④ 종말단추(terminal button) : 축색의 끝부분으로 합성된 신경물질을 소낭에 담아 저장하고 활동전위의 도움을 받아 이를 다른 뉴런에게 정보가 전달되게 한다.(신경전달물질 소낭이 존재하는 곳이다.)

⑤ 수초(myelin sheath) : 축색 대부분을 덮고 있는 곳이며, 절연물질로 되어 있고, 뉴런의 에너지 효율성과 정보전달 속도를 빠르게 해 준다.

신경 신호의 본질

신경 정보를 전달하고 신경 화학적 작용과 전기 생리학적 작용을 함께 하며 전기적 신호를 발생한다.

① 분극 상태 / 안전 전위(=쉬는 상태) : 오징어의 무수초 축색으로 세포 외부는 나트륨 이온(Na+)과 염소 이온(CI−)이며 내부는 칼륨 이온(K+)과 유기음이온(A−)이며 분극상태는 세포막외부(양전하 이온)와 내부는 음전하 이온으로 이루어 졌다. 안전전위(resting potential)는 일반적으로 축색 내부와 외부의 전압차가 약 -70mv이다. 그러나 정보 전달은 일어나지 않는다.

② 감각분극 상태 / 전위 및 활동 전위 : 안전전위 상태에서 세포 내부에 +자극을 주입하며, 분극 상태가 감소되는 것은 감분극 상태, 감분극전위가 있기 때문이다. 감분극전위는 0mv 또는 양전압이라고 하며 감분극전위가 극대(100% 40~50mv)될 때는 활동전위가 신경전달물질을 방출할 때이다.

③ 과분극상태 / 전위 : 세포 내부에(−) 자극을 주입하면 과분극 상태가 된다. 과분극전위는 억제성전위이라고도 한다. 세포가 전달을 자유

로 결정할 수 있으나 하지 않는다.

시냅스전달(뉴런 간 정보전달)

① 시냅스의 구성과 작용원리

시냅스 ▶

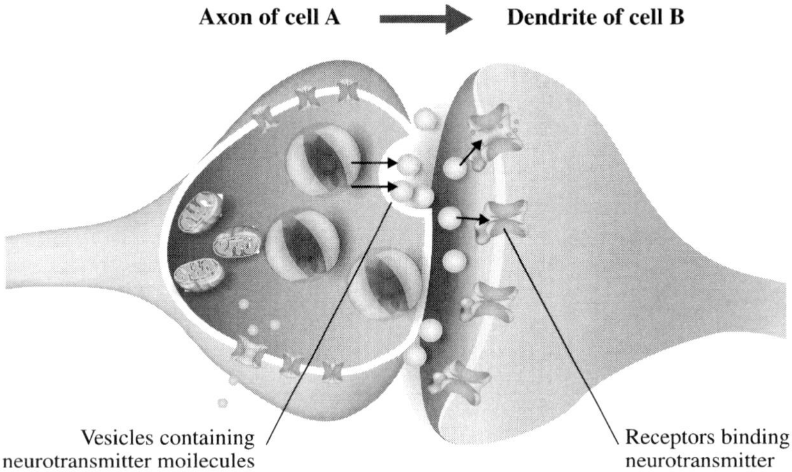

시냅스의 정의는 뉴런과 뉴런의 연접공간을 말한다. 이는 시냅스 전 요소인 축색종말과 시냅스 후 요소인 다른 뉴런의 수상돌기 또는 세포체의 일부 막을 합쳐 시냅스라고 한다.

시냅스는 서로 물리적으로 분리되어 있는 개개의 뉴런의 정보전달 역할을 한다. 활동전위가 축색의 종말에 도착하며 축색 종말의 시냅스 소낭이 터지면서 신경전달물질이 방출되고 방출된 신경전달물질이 시냅스 후막의 수용기와 결합하고 시냅스 후막에 막전위가 변화된다.

② 신경통합의 원리 : 하나의 시냅스 후 뉴런에서는 흥분성과 억제성 시냅스 전위가 통합된다. 신경통합의 전위 값이 흥분 역치 이상이 되면 종말 단추까지 전달된다.

2) 신경전달물질의 종류와 기능

신경전달물질	신경말단에서 방출되는 양이 너무 많을 때	신경말단에서 방출되는 양이 너무 부족할 때
도파민	조현병	파킨슨병
노르아드레날린 도파민 세로토닌	불안, 초조	우울증
세탈콜린	파킨슨병	알츠하이머병

▌ 도파민(dopamine)

중추신경계에서 발견되는 호르몬이나 신경전달물질이다. 도파민은 흑질과 척주 피개부를 포함한 뇌의 여러 영역에서 생산된다. 도파민의 분비 조절에 이상이 발생하면 많은 질환이 발생하게 된다. 파킨슨병(Parkinson's disease)은 도파민을 생성하는 신경세포가 손상되면 발생하는 병이다.

▌ 노프에피네프린(norepinephrine)

자율신경계에서 발견되는 신경전달물질이다. 뇌에서는 주로 경계 및 각성을 담당한다(공포 불안활성화) 소방공무원들이 응급한 상황이나 위협 상태에서 보다 더 잘 대처하기 위한 반응을 할 때 생성되는 물질이며, 또한 기분조절기능이 있으며, 뇌에서 분비가 감소하면 우울증이 유발된다.

▌ 세로토린(serotonin)

뇌줄기(brainstem) 가운데 솔기핵(raphe nuclesus)이라는 곳에 위치하며 그 수는 수만 개 정도이다. 주추에서 수면과 각성, 기분 조절을 담당하며 분비가 감소하면 우울증이 발생한다.

▌ 아세틸콜린(acetylcholine : ACH)

아세틸콜린은 자율신경계의 신경전달물질 중 하나로, 자율신경절의 기본적인 신경전달물질이며, 주의, 기억, 각성을 담당하고 있다. 알츠하이머병은 아세틸콜린의 방출이 감소 또는 소멸하면서 발생한다.

02 뇌

1) 뇌의 구성요소

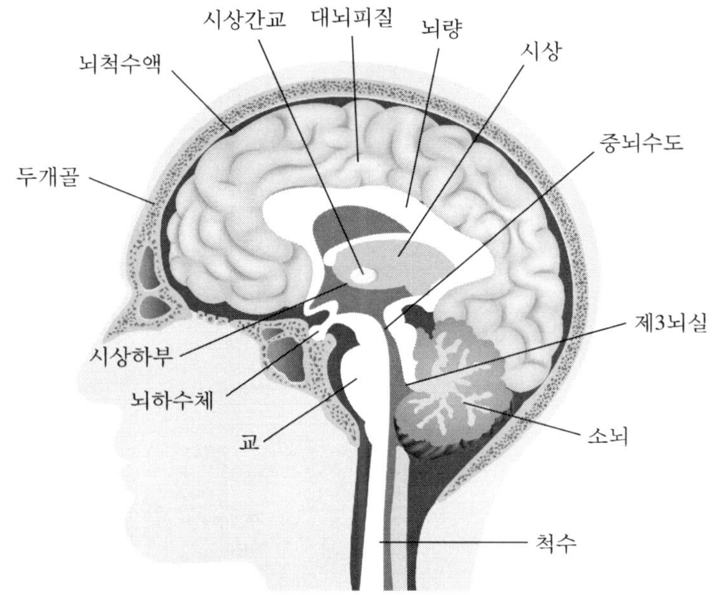

중추신경계(Central Nervous System, CNS)

신경에서 가장 큰 영역이며, 뇌와 척수를 포함한다.

① 뇌 : 뇌신경을 통해 환경 자극을 받아들인다. 우리가 감각이나 감정을 느끼는 것은 감각정보가 뇌의 여러 영역에서 처리과정을 거치게 된 결과이다. 뇌는 감각 정보의 통합, 기억, 인출 기대, 행동계획 수립 등을 할 수 있게 해준다.

② 척수 : 체 감각 정보를 뇌로 전달하며 뇌의 명령을 받아 분비선이나 근육에 운동신경을 보내는 역할을 한다.(반사행동 통제)

말초신경계(Peripheral Nervous System, PNS)

사지와 기관으로 연결된 신경계

① 체성신경계 : 외부로부터 자극을 잡아 운동을 통제하는 운동신경으로 구성되었다.

② 자율신경계 : 내장의 평활근, 심장근육, 불비선을 조절하는 신경계로 이는 다시 교감신경계와 부교감 신경계로 나눠 있다.

- 교감신경계 : 신체의 기관을 활성화시키며 유해자극이나 스트레스를 받을 때 신체를 방어해 주는 기능과 몸을 각성 시켜 위험에 대처하게 해준다.(소방공무원이 화재현장에서 인명구조를 할 때 교감신경이 작용하여 신체가 더 효율적으로 움직이게 한다)
- 부교감신경계 : 교감신경계와 반대되는 기능으로 각성 상태를 이완시키는 역할을 한다.(쉬거나 먹는 행동과 연관 있다)

2) 뇌(brain)의 구조와 기능

인간의 뇌는 그 무게가 겨우 3파운드(1.36kg) 밖에 되지 않지만 우리의 본능적인 생명활동과 사고능력에 이르기까지 모든 활동을 담당하며 복잡 미묘한 신체의 모든 작동을 통제, 감독한다.

뇌 구조 ▶

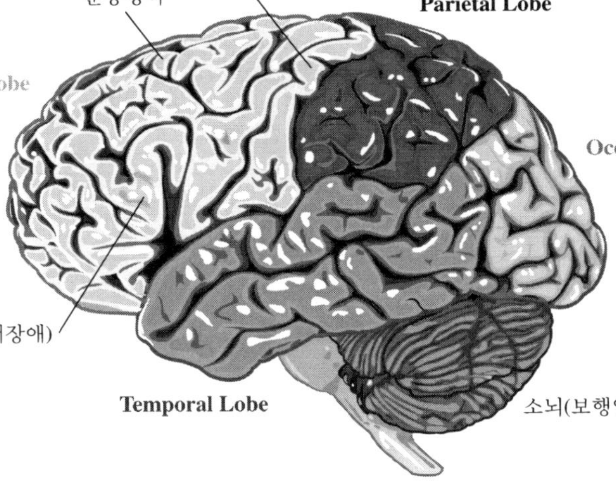

▌ 기저핵(basal ganglia)

기저핵은 바깥쪽에서는 보이지 않는다. 외측으로는 외섬유막을 경계로 그 바깥쪽으로는 전장과 최외섬유막 뇌섬엽 피질이 있다. 미상(caudate), 피각(putamen), 담창구(globus pallidus)의 구조물을 총칭 시상 옆에 위치하고 뇌간, 시상, 대뇌피질과 풍부하게 연결되며 운동통제, 운동학습, 정서처리를 담당한다. 헌팅턴병은 (팔, 다리, 안면에서 근육경련) 기저핵의 손상으로 발생된다.

▌ 시상(thalamus)

시상은 대뇌의 안쪽, 중뇌의 바로 전측 및 배 측에 놓여 있으며 여러 개의 핵으로 이루어져 있고 간뇌가 대부분을 차지하는 주요 구조이다. 또한 시상은 감각정보를 직접적으로 전달받고 대뇌피질이나 뇌의 바깥 부분으로 정보를 처리하는 역할을 담당하며 대부분의 정보를 대뇌피질의 다양한 부분으로 보내는 역할도 수행한다. 우리의 수면, 각성, 의식을 조절하는 기능이 있다.

▌ 소뇌(cerebellum)

소뇌는 뇌의 뒷부분 아래에 위치하며 통합자의 역할인 지각과 운동 통제 및 처리와 평형, 근육운동을 담당하고. 절차기억, 운동과 관련된 습관을 조직화한다.(소방공무원들이 훈련 등을 통해 습득한 기술을 기억하고 현장에서 사용하는 중추적인 부분이다)

▌ 뇌간(brain stem)

뇌에서 가장 오래된 부위이고 뇌에서 척수로 연결되는 뇌의 줄기이다. 이 부위에는 신체의 호흡과 심장운동, 기초적인 각성과 같은 생존관련 기능과 같은 생명 중추를 통제한다. 감각정보를 받아들이고 운동요구를 내보내는 전달자의 역할 또한 담당하고 있다.

3) 대뇌변연계(둘레계통 ; Limbic system)

인간의 감정, 행동, 동기부여, 기억, 후각 등의 여러 가지 기능을 담당한다.

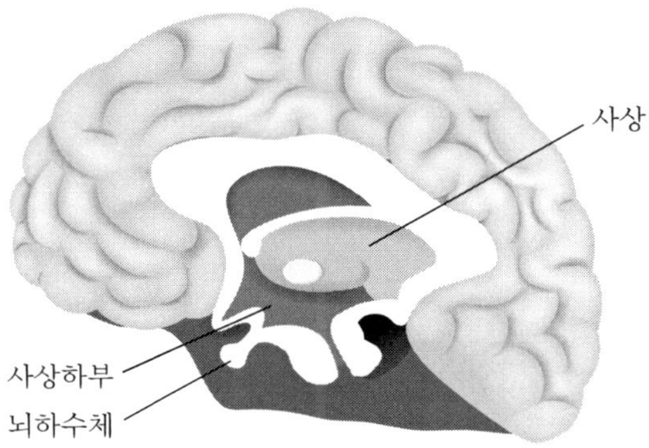

▌ 대상피질(cingulate cortex)

전두엽, 후두엽, 두정엽, 측두엽으로 이루어져 있으며 뇌량 위쪽을 따라 누워 있는 모습을 하고 있다.

▌ 시상하부(hypothalamus)

시상하부는 뇌하수체를 경유하여 신경계와 내분비계를 연결하는 기능을 한다. 시상하부는 체온, 배고픔, 갈증, 피로, 수면 등을 생체주기를 조절한다.

▌ 해마(hippocampus)

대뇌변연계의 양쪽 측두엽에 존재하며 기억을 담당한다. 우리가 어렸을 때 기억들을 순서대로 말할 수 있는 것은 해마 덕분이다.

▌ 편도체(amgdala)

대뇌변연계에 존재하는 아몬드 모양의 뇌 부위이다. 감정을 조절하고 공포에 대한 학습 및 기억에 중요한 역할을 한다. 소방공무원들의 경우 자신이 위험함을 탐지하고 빠른 보호적인 반응을 발달시킬 수 있게 하는 신경시스템이다.

4) 대뇌피질(cerebral cortex)

뇌의 중앙을 따라 앞에서 뒤까지 깊게 패인 홈에 의해 독립된 두 개의 반구로 분리되어 있으며 각 반구는 뇌량에 의해 연결되어 있다. 또한 대뇌피질은 부위에 따라 기능이 다르며 각각 기억, 집중, 사고, 언어, 각성 및 의식 등의 중요기능을 담당한다.

▌ 전두엽(frontal lobes)

기억력, 사고력 등 고등행동을 관장하며, 다른 연합영역으로부터 들어오는 정보를 조정하고 행동을 조절하는 기능을 한다. 또한 전두엽은 상황판단, 행동계획, 행동억제 등을 관리한다. 소방공무원들은 전두엽이 발달되어야만 위급한 상황에서 올바른 판단을 할 수 있다. 전두엽이 손상되면 성격변화가 일어난다. 또한 브로카영역은 언어생성의 중추이다.

두정엽(primary somatosenson cortex)

중심고랑의 뒤쪽 및 바깥쪽 고랑의 상부에 위치하는 부분이다. 일차 체감각피질과 연합피질로 구성되어 있다. 일차 체감각피질은 신체의 특정 부위에서 감각정보를 받는 역할을 한다. 또한 공간 내에서 신체의 위치나 판단 운동 지각, 진동감감, 촉각, 압각, 통각 등에도 관여한다. 시공간 정보를 담당하기도 한다.

측두엽(temporal lobes)

관자엽이라고도 하며 대뇌반구의 양쪽 가에 있는 부분으로 청각연합영역과 청각피질이 있어 청각정보의 처리를 담당한다. 측두엽은 일차청각 피질은 내이에서 들어오는 청각정보를 받아 분석하고, 이 정보를 그 옆의 연합피질로 보낸다. 측두엽은 정서적 경험이나 기억에 중요한 역할을 담당한다.

후두엽(occipital lobes)

뇌의 뒤쪽에 위치해 있으며 시각 영역과 인접해 있어 시각 정보를 분석하고 통합하는 역할을 수행한다. 후두엽은 망막에서 들어오는 시각정보를 받아 분석하는 일차시각피질과 시각정보에 대한 추가적인 분석을 하는 시각연합피질로 구성되어 있다. 후두엽이 손상되면 시력을 상실하게 된다.

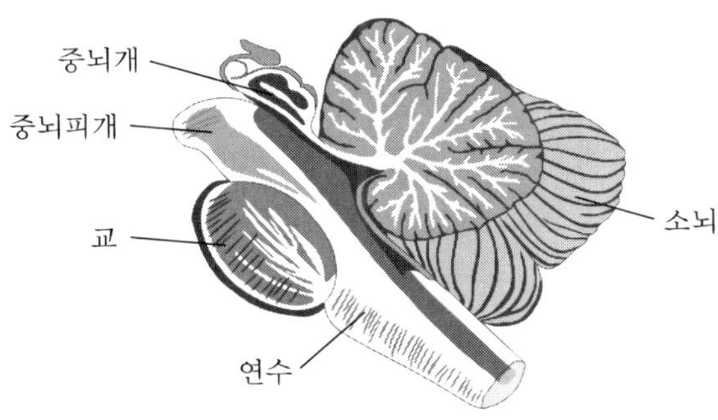

수면과 감각의 지각

01 수면(sleep)

1) 정의

수면 또는 잠은 무의식 상태에서 자연스럽게 반복되는 취하는 행위를 말한다. 소방공무원들 중 교대근무부서에서 근무하는 직원들은 수면부족이 만연되어 있다. 최근 소방청 조사에 따르면 수면장애를 호소하는 비율이 소방공무원이 일반인에 비해 3배 많은 것으로 조사되었다. 다시 말하면 꿈이란 자신의 내면의 깊은 곳에 있는 내적 중심이 꿈이라는 방식으로 내면의 소리를 들려주는 것이다.

2) 각성(arousal)의미

깨거나 또는 정신을 차리는 반응을 보이는 생리적, 심리적 상태이다. 각성체계가 뇌를 각성시키는 작용을 하는데 이 체계는 뇌피질을 흥분시켜 들어오는 정보를 충분하게 반응하도록 한다. 소방공무원들은 야간 근무를 할 때 각성 상태를 유지하다보니 피로도가 매우 높다.

3) 뇌와 수면

사람은 수면을 통해 뇌를 활성화하고 자신의 능력 향상시키도록 노력한다. 수면은 육체적인 건강은 물론이고, 정신적인 건강과 창의성에 아주 중요한 차이를 만들어 낸다.[1)]

1) 수면과 관련된 뇌파(electroencephalography, EEG)는 신경계에서 뇌신경 사이에 신호가 전달될 때 생기

4) 수면의 단계

수면의 단계는 4단계로 나눠지며 수면의 깊이가 다르다.

1단계

잠에 바로 빠져드는 구간이다. 이때 알파파가 강하게 발생한다. 우리가 점심 먹은 후 5교시에 꾸벅꾸벅 졸 때가 바로 이 구간에 해당한다.

2단계

점점 잠에 빠져드는 단계이다. 이 단계에서는 심장 박동과 호흡이 둔화되며 눈의 움직임은 멈춘다. 주변에 무슨 일이 일어나는지 거의 의식하지 못하게 된다. 수업 중에 꾸벅꾸벅 졸다가 완전 잠에 빠져 선생님이 깨울 때까지 잠을 자는 경우에 해당한다.

3~4단계

깊은 잠의 단계이다. 이 단계에서는 수면 단계 중에서 가장 깊이 잠에 빠져드는 단계로 누가 깨워도 좀처럼 잘 일어나지 못한다.

02 꿈(dream)

1) 정의

수면 시 경험하는 일련의 영상, 소리, 생각, 감정 등의 느낌을 말한다. 희망사항, 목표 등을 일컫는 말이기도 한다. 다시 말해서 꿈이란 자신의 내면의 깊은 곳에 있는 내적 중심이 꿈이라는 방식으로 내면의 소리를 들려주는 것이다.

2) 꿈과 수면 주기

EM 수면에서 깨어난 74%의 피 실험자가 꿈을 기억해낸 반면 NREM 수면에서 깨어난(REM awakening) 피 실험자 중에서는 9%만이 꿈을 기억하였다. REM[2] 수면과 꿈과의 연관성은 그 밖의 많은 연구를 통해 입증

는 전기의 흐름이다. 알파는 심신이 안정을 취하고 있을 때 뇌파, 안전파로 사람 뇌파의 대표적인 성분으로 뇌의 발달과 밀접한 관계가 있다. 세타는 졸음파 또는 서파수면파라고 불리고 잠에 빠져들 때 통과하는 뇌파이다. 마지막으로 델타파는 수면파라고 하고 수면시 발생한다.

되고 있다. REM awakening에서 80%가 꿈을 기억해 냈다. 이를 통해 꿈뿐만 아니라 수면 중에 일어나는 많은 mental activity가 모두 REM과 연관이 있을 것이라는 주장이 힘을 얻기도 하였고 다른 한편으로는 NREM에 대해서도 연구 결과가 나오는 등 이 부분에 있어서 여러 관점의 주장이 제기되고 있다.

3) 꿈의 기능

프로이드의 도식

의식과 무의식 사이에는 경계막이 되어주는 전의식이라는 것이 존재한다. 수면은 무의식상태를 의미하며 이 무의식은 이 전의식을 통해서 의식에 접촉을 한다. 다시 말해 꿈이라는 것은 의식 속에서 억압되었던 것을 무의식이 펼쳐내는 것이다.

칼 구스타프 융

융은 프로이드의 꿈 해석을 비판하고 꿈은 의식상황에서 잘못된 것을 바로 잡으려는데 있다고 말했다. 프로이드는 꿈은 사람들이 왜 그런 꿈을 꾸게 되었는가 하는 점에 초점을 두었다.

03 감각

1) 감각의 정의

주변 환경으로 부터의 다양한 자극을 머릿속에 표상하기 위하여 신경신호로 변환하는 것 즉 자극과 관련된 기본적이고 가공하지 않는 경험을 말한다.

2) 감각의 필요성

유기체는 감각체계를 통하여 필요한 정보를 획득한다. 이는 우리가 창문

2) Aserinsky E, Kleitman N. Regularly occurring periods of eye motility, and concomitant phenomena, during sleep. Science 1953;118:273-274

을 통해서 캠퍼스 나무를 보고 분주히 움직이는 사람을 보지만 그것을 보는 과정은 매우 복잡한 과정을 거친다.

3) 감각의 측정

복잡한 지각체계의 활동은 상호 관계가 상당히 깊으며 중복적이다. 이는 수화를 통해 의사소통을 하는 사람들은 수화뿐만 아니라 입술 움직임을 사용한다. 이는 그 사람의 의사소통과 연관이 있다.

▌ 절대역(absolute threshold)

우리가 어떤 자극을 감지할 수 있는 최소한 자극으로 보통 50%를 탐지할 수 있는 자극강도이다. 이는 100번 들어도 50번은 듣지 못하는 자극의 강도를 절대역으로 보는 것이다.

▌ 신호탐지(signal detection theory)

절대역은 자극의 강도뿐만 아니라 우리의 경험, 동기, 기대, 피로 등의 심리적 상태에 따라서 변화된다. 예를 들어 키즈카페에서 애들이 놀고 있을 때 자신의 애가 울 때 어머니는 바로 알아차리는 기능이다.

▌ 역하자극(subliminal stimulation)

절대역 이하의 자극으로 시행의 50% 이하에서 탐지되는 자극이다.

▌ 차이역(difference threshold)

사람이 두 자극 간의 차이가 있음을 인식하고 두 자극간의 차이를 50% 탐지할 수 있는 최소한의 차이이다. 웨버의 법칙(Weber's law)에 의하면 차이역은 일정한 양이 아니라 두 자극의 강도 비율에 따라 변화한다고 한다.

▌ 감각 순응(sensory adaptation)

감각 순응에 의하면 일정한 자극에 지속적으로 노출되면 자극에 대한 민감성이 약해지고 신경세포는 발화속도가 늦어진다. 예를 들어 목욕탕에 뜨거운 물에 들어갈 때 뜨겁게 느껴지던 것이 조금 지나면 뜨겁게 느껴지지 않는 현상이다.

04 시각

감각변환(transduction)은 기계적 감각수용기로부터 활동전위를 중계하는 것으로 이는 우리의 감각체계가 자극에너지를 신경정보로 변환시키는 과정이다.

1) 빛의 본질

과학적으로 보면 우리의 눈에 들어오는 색체가 아니라 우리의 시각체계가 색채로 경험할 수 있는 전자기 에너지의 파형이다. 가시광선은 전자기 스펙트럼의 극히 작은 부분에 불과하다. 파의 한 정상에서 다른 정상까지의 거리인 파장은 색채를 결정한다. 파의 크기 또는 높이에 의해서 결정되는 에너지의 양인 진폭은 밝기를 결정한다.

2) 눈의 구조와 기능

망막은 빛에너지를 신경 추동으로 변환시킨다. 이는 빛이 동공을 통하여 눈으로 들어와 홍채가 빛의 양을 조절하고 홍채 뒤 수정체는 조절이라는 작용을 통해 두께를 변화시켜 빛을 작은 점으로 수렴한다.

3) 시각 정보의 처리

인간은 대부분의 정보처리는 뇌에서 이루어진다. 이런 뇌의 뒤쪽에 있는 시각피질인 후두엽의 대응위치로 망막의 부분들이 정보를 보낸다.

특징 탐지

특징탐지는 시각정보의 변화를 선별하는 능력을 의미한다. 이는 하나의 신경세포는 자신의 시각장애에 정보가 주어지면 그 신호를 시각피질로 전달한다. 더 고차수준에 있는 다른 뇌세포는 얼굴이나 특정한 방향으로 움직이는 손과 같이 특정한 시각자극에만 반응을 한다.

▌ 병렬처리

사람의 뇌는 시각장면을 색, 깊이, 운동, 형태들의 하위 차원으로 분할하여 각 차원을 동시에 처리한다. 그리고 망막은 시각피질의 한 부분에만 정보를 보내는 것이 아니라 동시에 여러 부위로 정보를 보낸다. 시각정보가 통합되면 다른 대뇌피질인 측두엽에서 추가로 처리하여 영상을 인식한다. 의식적으로 지각되지 않는 것에 반응하는 능력을 실인증(blindsight)이라고 한다.

4) 색채지각

물체의 표면에서 반사된 빛을 눈에서 받아들임으로써 우리 눈이 받아들이는 과정을 말한다.

▌ Young-Helmholtz의 삼원색설(trichromatic theory)

어떤 색이든 세 가지 색(빨강, 녹색, 파랑)에 해당하는 빛의 파장을 조합하면 만들 수 있다는 이론이다.

▌ Hering의 대립과정설(opponent process theory)

삼원색설로 설명하기 어려운 지각 현상인 잔상(afterimage)을 설명하기 위해 대두된 이론으로, 빨강색－녹색, 노랑색－파랑색, 흰색－검정색에 의해 생기는 대립적 반응에 의해 색채시각이 일어난다는 이론이다.

▌ Hurvich와 Jameson(1974)

색채 지각에 관한 두 가지 이론을 조합하여 망막에 있는 세 종류의 추상체에서 시상하부에 있는 빨강－녹색, 파랑－노랑, 검정－흰색의 세 가지 대립세포로 이어지는 신경배선모형을 제시하였다.[3)]

3) 색채항등성(color constancy) : 우리의 색채경험은 주변의 맥락에 의해서도 영향을 받으며 조명이 변화되어도 맥락이 변하지 않으면 그 색은 대체로 일정하게 보이나, 맥락이 변화되면 지각된 색은 다르게 보인다.

05 청각

1) 소리의 본질

소리는 공기 속뿐만 아니라 수중이나 고체 속에서도 전달된다.

소리파(음파)

소리를 만들어 내는 파동을 말한다. 파동의 모양 즉 강도나 크기(진폭)로 소리가 어떤 것인지 파악한다.

2) 귀의 구조와 기능

귀는 듣기 위해서 소리를 감지하는 감각기관이다. 이는 소리파형을 신경활동으로 전화시켜 우리가 들을 수 있게 하는 것이다. 소리의 이동경로는 귓바퀴를 거쳐 귓구멍으로 그리고 고막으로 중이의 세 청소골을 통해 내이의 달팽이관 청각세포 다음은 청각신경 그리고 대뇌에 이르게 된다.

음의 고저지각

① 장소이론(place theory) : 우리가 고음을 지각하는 원리를 설명한다. 신경신호를 보내는 기저막의 위치가 음의 고저를 결정한다.

② 주파수이론(frequency theory) : 기저막은 소리파형에 따라 진동을 소리파형과 같은 비율로 대뇌로 가는 신경충동을 일으킨다. 신경충동의 주파수가 음의 고저를 결정하며 저음 지각을 잘 설명해 준다.

소리의 위치 확인

두 눈의 위치가 다름으로 깊이를 지각할 수 있는 것처럼 두 귀의 위치가 다름으로써 소리의 위치를 확인할 수 있다.

3) 청각장애

전도성 청각장애(conduction deafness)

음파가 내이로 전도 될 수 없도록 중이가 막혀 있거나 손상된 것이다. 즉 소리 파형을 달팽이관으로 전달하는 기계적 체계에 문제가 생긴 것을 말한다.

▌ 감음신경성 청각장애(sensorineural deafness)

내이나 청신경에 손상이 있을 때 나타나는 장애이다. 말 크기나 리듬, 강약, 높이, 억양에 문제를 보인다. 일단 손상이 되고 나면 죽은 조직을 살려 낼 수는 없다.

06 지각

1) 지각의 정의

감각 기관을 통해 환경을 인지하는 것으로 감각을 선택하고 조직화하고 해석하는 과정을 지각이라고 말한다.

2) 선택적 주의(selective attention)

우리가 경험할 수 있는 모든 것들 중에서 한 순간에 의식할 수 있는 것은 매우 제한되어 있다. 이는 칵테일파티효과(cocktail party effect)로 설명할 수 있다. 칵테일 효과라는 것은 여러 개의 목소리 중에서 한 개의 목소리에만 선택적으로 주의를 기울일 수 있는 것이다.

3) 지각적 착각

▌ 뮐러-라이어 착시

모든 수평선의 길이가 달라 보이더라도 실제로는 똑같다.

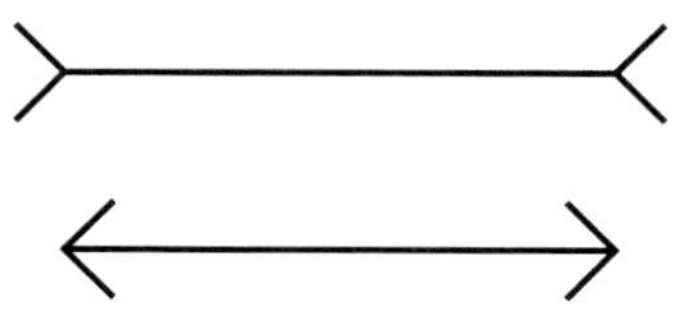

▌ 헤링 착시

나란한 두 직선이 바깥쪽으로 휜 것처럼 보인다.

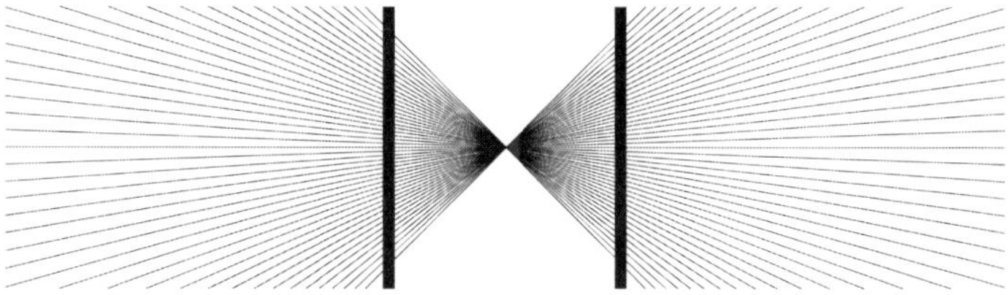

▌ 죌러 착시

긴 빗금이 나란하지 않는 것처럼 보이지만 실제로는 나란하다.

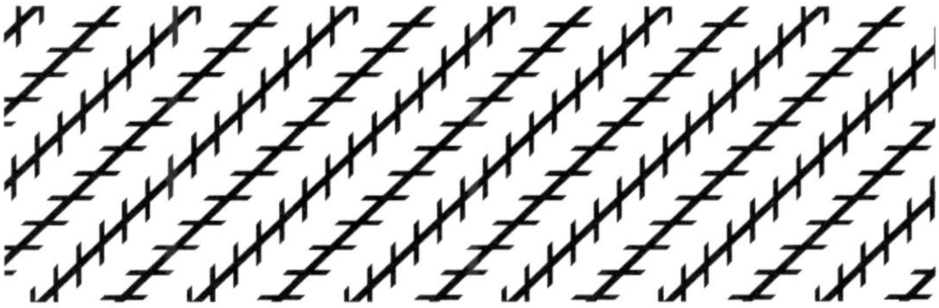

이러한 착시가 나타나는 이유는 시각을 통한 지각과정이 환경에 적응하기 위해 진화하는 과정에서 나타나는 오류경험이다. 그리고 인간이 대상을 지각할 때 주변의 환경과 통합적으로 지각하기 때문에 발생하게 되는 오류이다.

4) 지각적 조직화

감각자극을 의미 있는 지각체로 변환시키기 위해서 우리는 그것들을 조직화 한다. 이는 심리학에서는 게슈탈트심리학이 잘 설명해 준다. 즉 게슈탈트는 독일어로 형태나 전체를 의미한다. 분트는 "전체는 부분의 합 이상이다"라고 정의했다. 우리는 시각의 특징을 완전한 형태로 구성하려는 경향이 있다. 즉 상향처리(입력자극의 감각적 분석에서 시작)와 하향처리(감각질을 해석하기 위하여 경험과 기대)이다.

형태지각

- 전경과 배경 : 전경(figure)은 대상이 되고 배경(ground)은 주변이 된다. 지각에서 배경이라고 하는 주변으로부터 전경이라고 하는 대상을 분리해서 보는 것이다. 아래 그림은 전경과 배경이 연속적으로 반전되고 있다.

루빈의 컵 ▶

지각집단화

주의집중 과정을 통해 대상이 선정되면 대상을 선정하는 구성요소를 보다 큰 단위로 묶는 과정이 전개된다. 이는 다시 말해 전경과 배경을 분리하고 나면 우리는 전경을 의미 있는 형태로 조직화하는 과정을 지각 집단화라 한다. 이러한 기본적 감각에 순서나 형태를 부여하기 위해서 자극을 집단화하는 어떤 규칙을 따른다.

① 근접성 : 가까이 있는 것들을 함께 집단화하는 경향성
② 유사성 : 생김새가 유사하면 유사한 것 끼리 집단화하는 경향성
③ 연속성 : 불연속적인 것보다는 연속되어 있는 것 끼리 집단화하는 경향성
④ 완결성 : 그림의 틈이 있으면 빈 곳을 채워서 완전한 전체의 대상의 지각하는 경향성
⑤ 연결성 : 동일한 것이 연결되어 있으면 점과 선과 그 영역을 하나의 단위로 지각하는 경향성

5) 깊이지각(depth perception)

2차원적 영상으로 3차원으로 대상을 지각하는 것을 깊이지각이라고 한다.

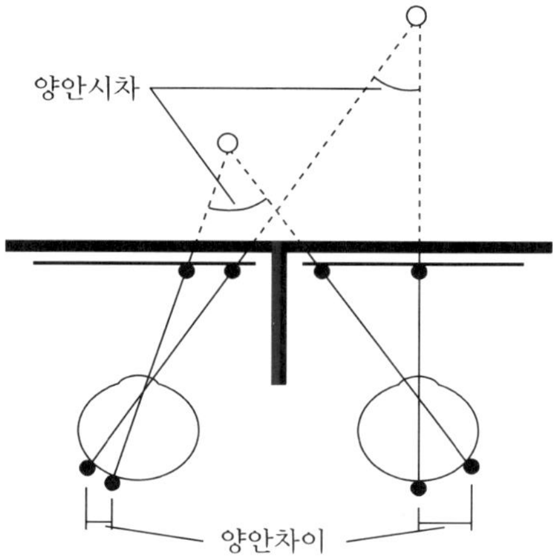

양안단서(binocular cues)

두 눈이 약간의 수평간격을 두고 떨어져 있기 때문에 물체의 원근을 파악할 수 있다.

(우)입체경 ▶ 양안 차이를 확인할 수 있는 도구

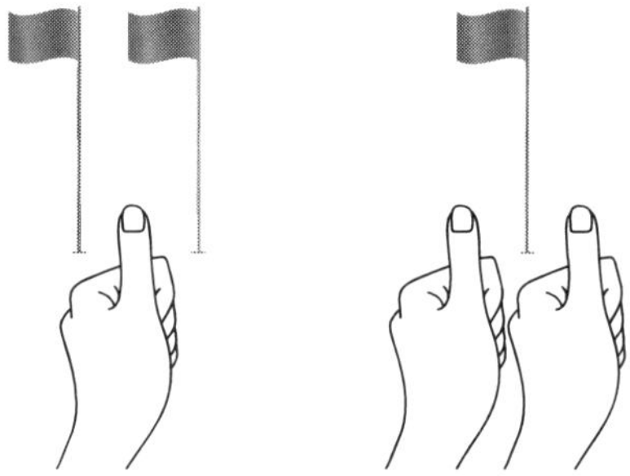

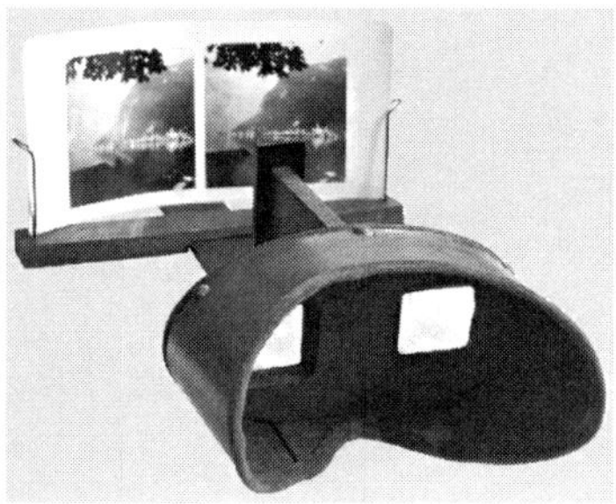

① 양안 부동(binocular disparity) : 두 눈 사이의 수평간격(약 6.3cm) 때문에 나타나는 현상으로 눈에 보이는 상이 조금 다르다. 예를 들어 자신의 엄지손가락을 코앞에 두고 눈을 번갈아보면 위치가 달리 보인다.

② 시선수렴(convergence) : 가까운 물체를 볼 때 눈동자가 안쪽으로 모이고, 멀리 볼 때는 정면을 바라보게 되는 것은 눈동자가 코 쪽으로 돌아가는 신경근육단서 때문이다.

단안단서(monocular cues)

깊이지각의 단서 중 한 눈으로 깊이에 대한 정보를 얻게 하는 것. 예를 들면 한 쪽 눈을 감고 물체를 정확하게 잡는 것이 어렵다.

① 상대적 크기 : 두 물체의 크기가 비슷하다고 가정할 때 망막에 맺혀진 영상의 크기가 작을수록 멀리 있는 것으로 판단한다.
② 중첩 : 한 물체가 작은 것을 부분적으로 가리고 있으면 가려진 것이 더 멀리 있는 것으로 지각한다.
③ 상대적 명확성 : 윤곽이 뚜렷한 물체보다는 윤곽이 흐린 것이 더 멀리 있는 것으로 지각한다.
④ 결의 밀도변화 : 엉성하고 구별되는 결의 밀도가 점진적으로 작고 구별 안 되는 결의 밀도로 변화되면 거리가 멀어지는 것으로 판단한다.
⑤ 상대적인 높이 : 시야에서 위쪽에 있는 대상을 더 멀리 있는 것으로 지각한다.
⑥ 상대적인 운동 : 이동할 때 고정된 물체도 상대적인 움직임이 있는 것으로 지각한다.
⑦ 선형조망 : 기차선로와 같은 평행한 선들은 거리가 증가함에 따라 한 점으로 수렴한다.

움직임 지각

인간의 눈은 동일시간 내 사물의 연속성을 망막정보와 안구의 움직임을 통해 움직임을 지각한다.

당신은 오른쪽 눈 잡이? 아님 왼쪽 눈 잡이?

사람은 오른손잡이와 왼손잡이가 있다. 이는 다른 말로 하면 인간은 왼쪽 눈 잡이든 오른쪽 눈 잡이든 한다는 소리이다. 총 인구의 80%가 오른쪽 눈 잡이이고 '양쪽 눈 잡이'는 매우 희소하다고 한다. 오른쪽 눈에 들어온 시각적 신호를 더욱 크게 의존하는 경우가 오른쪽 눈 잡이이다. 그렇다면 자신이 오른쪽 눈 잡이인지 아님 왼쪽 눈 잡이인지를 어떻게 알 수 있을까?

영국의 과학 사이트(sciencemdaesimple.co.kr)에 소개된 방법은 자신의 엄지와 검지를 이어 동그라미를 만든다. 양 눈을 뜬 채 멀리 있는 물건이 그 동그라미 속으로 들어오도록 맞춘다. 그 다음 양쪽 눈을 하나씩 번갈아 감는다. 오른쪽 눈만 뜨고 보았을 때 물건이 손가락 원안에 남아 있다면 당신은 오른쪽 눈 잡이다.

자신이 어떤 눈을 주로 쓰는지를 파악하는 것은 조준이 필요한 운동을 할 때 중요하다. 친구들과 게임장에서 내기를 사격, 다트, 양궁 등으로 할 때 유용하다.

동기와 정서

01 동기의 개념

인간의 모든 행동은 의식적인 생각을 통해서만 이루어지는 것이 아니라 의식적인 생각 없이도 이루어진다. 이러한 사고과정이 개입되지 않고 일어나는 인간의 행동을 설명해주는 것이 바로 동기라는 개념이다. 동기의 개념은 어떤 사람이 욕망이나 욕구를 충족시키기 위해 열심히 활용할 때 적용될 수 있다. 동기는 어떤 행동을 하게하고, 유지하게 하며, 방향을 정해 주는 요인으로서 행동의 수준이나 강도를 결정하는 심리적 구조 과정이다. 또한 동기란 움직임을 의미하며 라틴어 동사 movere에서 유래되었다. 동기와 유사하게 사용되는 용어로 욕구(need), 갈망(desire), 추동(drive), 충동(impulse), 본능(instinct) 등을 들 수 있다. 욕구와 추동은 생물학적인 면을 포함하며 동기는 인지적인 면을 포함한다(김아영, 2003). 동기는 직접 관찰할 수는 없다는 것이며 목적을 향해서 어떻게 행동하는가를 보고 추론할 수 있는 기능이다. 이러한 기능을 세 가지로 구분해 볼 수 있다.

첫째, 동기는 인간을 비롯한 동물의 내면에서 어떤 목적을 지향하는 행위를 불러일으키고 이를 지시한다. 목표달성을 위해 특정 행동을 하게 하는 방향을 결정한다. 즉 불이 나면 소화기를 찾지 않고 탈출구를 찾게 된다는 것이다.

둘째, 동기는 목표 지향적 행동을 지속하게 하는 에너지를 제공한다. 즉 소화전을 찾지 못하게 되면 불을 끄기 위해서 불을 끄게 되는 물건을 계속 찾게 한다는 것이다.

셋째, 동기는 목표 지향적 행동을 조절하게 한다. 즉 불이 날 경우 탈출하는 곳을 찾게 되면 더 이상 탈출구를 찾지 않게 된다는 것이다.

이처럼 동기는 목표지향적인 행동을 정확하고 지속적으로 하게 할 뿐만 아니라 그 목표가 달성되면 더 이상 그 행동을 하지 않게 하는 기능을 한다. 또한 인간의 행동욕구를 불러일으키고 인간의 행동을 특정한 목표로 이끄는 내적인 힘을 말한다. 심리학에서는 인간과 동물의 행동을 연구하는 것이 과학이라 할 때 심리학자들이 그 행동의 원인에 대해 관심을 갖는 것은 당연한 일이다.

심리학에서 동기는 행동의 원인인 동시에, 그 행동의 방향과 강도에 영향을 주는 요인이라고 정의한다. 예컨대, 소방안전교육사가 되고 싶은 사람은 소방학개론 등을 선택한 방향이 얼마나 되고 싶은 정도의 강약에 따라서 노력 및 자세 등이 다르게 나타난다. 이처럼 학습자 스스로 공부하고 싶은 마음을 불러일으키게 하는 것으로써, 교사는 동기를 잘 유발시켜 수업효과를 좋게 하고 학습자의 열정과 노력을 효율적으로 이끌어 주어야 할 것이다. 또한 학생이 공부를 열심히 하는 것을 보면 그가 성취동기가 강하다고 추론할 수 있다. 학생들과 마찬가지로 심리학자들도 성취동기가 있는지 없는지는 알 수 없지만 이와 같이 동기는 직접 관찰할 수가 없기 때문에 목표 지향적 행동으로부터 동기를 추론해낸다. 동기에 대한 추론이 옳다면 그것은 행동을 설명하는 강력한 도구가 된다. 동기를 이해함으로써 행동을 보다 잘 이해할 수 있으며 앞으로의 행동을 예측할 수 있다. 모간과 킹(Morgan & King ; 1971)은 동기란 '행동을 일으키는 원동력'이라고 정의하였다. 동기의 정의는 의사 결정이나 어떤 행위의 직접적인 원인 혹은 계기로 일반적으로 인간의 행동을 일으키는 근원적인 힘으로 이해되고 있어 동기는 "노력의 방향과 강도"라고 할 수 있다. 유기체에게 움직임을 가져오게 하는 과정, 움직임은 방향이 있는 것으로써 목표를 달성하기 위한 노력이며 어떤 목표를 향해서 행동을 지속시키게 하는 내적 상태가 동기이다.

02 동기이론

동기의 용어는 20세기에 이르기까지 심리학에서 사용하지 않았다.

플라톤(Platon ; B.C.477～B.C.347)은 서양문화의 철학적 기초를 마련한 고대 그리스의 위대한 철학자이다. 논리학, 인식론, 형이상학 등에 걸친 광범위하고 심오한 철학체계를 전개했으며, 특히 그의 모든 사상의 발전에는 윤리적 동기가 바탕을 이루고 있다.

근대 합리주의 철학의 창시자라고 일컬어지는 프랑스의 르네 데카르트(René Descartes ; 1596~1650)는 이어지는 합리주의적 인간관에서는 이성은 인간에게만 있으며 동물에게는 본능밖에 없다고 생각해왔다. 이를테면 인간행동의 원인은 오직 이성적인 지적 판단에 있다고 보았으며 인간 행동을 설명하는데 다른 개념이 필요하지 않다고 보았다. 욕구(need)와 욕망(desire)을 인간성격의 주요소로 여겨왔지만 연구자들이 동기라는 문제에 관심을 갖기 시작한 것은 찰스 다윈(Charles Darwin)의 진화론이 환경에 대한 심리적 적응에 적용된 뒤부터였다. 심리학자들이 본능이라는 개념을 꾸준히 연구한 결과 19세기말경에는 인간이 할 수 있는 거의 모든 행동을 본능(instinct)이라고 불렀다. 그러나 이런 주장을 과학적으로 입증할 방법은 전혀 없었고 일찍이 선천적이라 여겨졌던 수많은 행동이 학습과 경험으로 바뀔 수 있다는 사실이 실험결과 밝혀지기 시작하자 이 주장은 그 지지기반을 잃었다. 그러나 다른 이론가는 기본 동기 자체를 연구해 무엇이 타고난 욕구이고 무엇이 후천적으로 학습된 것인가를 알아내려고 애썼다. 동기가 행동에 특정 목표를 부여하는 것인지, 아니면 단순히 습관 같은 다른 요인들이 결정한 행동에 추진력을 줄 뿐인지를 밝히려는 이론가도 있다.

한편 영국 경험론의 영향을 받은 일부 학자들은 인간행동에 관한 기계론적인 견해를 갖게 되었다. 즉, 인간의 어떤 행위는 이성적인 지적 판단의 결과보다는 우리가 통제할 수 없는 내적·외적인 힘에 의해 생기는 것으로, 행동의 원인적인 조건 중에서 유기체의 조건을 동기란 말로 표현하였는데, 이것이 동기이론으로 발전하게 되었다. 헨리 A. 머레이(Henry A. Merray ; 1893~1988)와 에이브러햄 H. 매슬로(Abraham H. Maslow ; 1908~1970) 등의 심리학자들은 인간에게 추진력을 주는 구조가 아닌 인간의 요구 자체를 연구했다. 머레이는 욕구를 1차 욕구인 선천적 욕구와 2차 욕구인 후천적 욕구로 나누어 욕구의 목록을 발표했고 이 욕구들이 인간의 행동을 목적 지향적으로 만든다고 믿었다. 매슬로는 맨 아래의 생리적 욕구(예를 들면, 배고픔과 목마름)에서 시작해 안전·소속감·사랑에 대한 욕구, 존경받고 싶은 욕구, 그리고 맨 위에 있는 자기실현 욕구와 다양한 지적·미학적 목적을 달성하려는 욕구에 이르기까지 동기의 계층을 여러 단계로 구성했다. 사람은 첫째 단계의 욕구가 충족되어야만 좀 더 높은 욕구를 충족시키기 위해 계속 자아실현을 할 수 있다고 믿었다.

1) 본능 동기 이론

19세기는 과학의 일대 발전기이었다. 그 가운데에서도 심리학에 특히 중요한 영향을 끼친 것이 다윈(Darwin)의 진화론이다. 다윈 이전에는 인간과 동물은 질적으로 다른 존재이며, 인간에게는 이성과 자유의지가 있으나 동물에게는 없다고 생각되었다. 이를 부정한 사람이 다윈이다. 인간 행동은 본능에 의해 결정된다고 주장한 다윈의 본능론에서 부터 시작되었다고 볼 수 있다.

본능을 최초로 심리학적으로 규정한 학자는 윌리암 제임스(W. James ; 1890)이다. 사전에 학습된 일이 없으며 결과에 태한 통찰도 없이 어떤 목적을 달성하는 것과 같은 행동을 본능적 행동이라고 하였으며 유전적 연구를 통해 행동에 있어서 본능의 중요성을 강조하였다. 본능을 인간에게 적용한 최초의 심리학자인 맥두걸(McDougall ; 1871～1938)은 본능이 인간행동에 동기를 부여하는 가장 중요한 요인이라고 믿었으며 지각과 정서보다 동기의 힘을 더 강조하였다. 사람은 본능이 동기를 부여해준 것만 지각하고 적절한 대상이 일단 지각되면 그 대상은 행동을 자극하는 감정변화를 일으킨다는 것이다. 윌리암 맥두걸(1908)은 인간의 본능을 여러 개로 구분하였다. 인간 정신의 가장 근원적인 것으로 보고하였으며 모든 행동의 근원이라고 생각하여 사회적 행동까지도 본능으로 보았다.

정신분석학자인 지그문트 프로이드(Sigmund Freud ; 1856～1939)도 인간의 많은 행동이 불합리한 본능적 충동에 바탕을 두고 있다고 믿었으며 그런 동기의 무의식적 본질에 가장 관심을 보였다. 또한 그는 인간의 2가지 기본 동기로 삶의 본능(Eeos)을 성에 대한 본능이라고 하였으며 공격 행위의 죽음의 본능(Thanatos)이라고 하였다. 본능은 무의식적인 것이지만 강력한 동기적인 힘이다.

로버트 S. 우드워스(Robert S. Woodworth ; 1869～1962)는 논쟁의 여지가 많은 본능이라는 용어 대신 추동(推動 : drive)이라는 낱말을 도입했다. 추동은 생물체를 활성화하여 행동으로 이끄는 힘이다.

월터 B. 캐넌(Walter B. Cannon ; 1871～1945)은 자신과 프로이트를 포함한 다른 사람들이 무엇을 동기의 주요기능(몸을 조절하는 것)으로 생각하는지를 설명하기 위해 '호메오스타시스(homeostasis)'라는 용어를 만들었다. 이 용어는 '신체 내부의 불균형이 일정 수준에 도달하면 몸은 다시 평형상태로 돌아가기 위해 활발하게 움직인다.'는 뜻으로, 비(非)생물학적 추동을 학습추동이라고 불렀고 생물학적 추동과 결합해 동기 지워지는 힘을 얻는 것으로 보았다. 그 후의 이론가들은 추동 자체는 호메오스타시스를 가지고 있지만 아직은 특정 목적을 지향하지 않는 에너지 상태라고 구체적으로 정의했다. 그리고 이 에너지가 적절한 긴장을 줄이는 쪽으로 작용하는 것은 이전에 여러 차례 경험을 쌓는 동안 '강화'라는 작용을 통해 학습된 습관 탓이라고 생각했다.

이 본능을 추동이론이라고도 하며 1920년대부터 1950년대까지 심리학계를 지배했지만 1950년대에 이르러 신경병학에서의 실험결과 학습에 따른 근본적 강화작용을 통해 긴장이 풀린다는 믿음과는 달리 오히려 신경의 각성상태가 발견되었다. 각성의 중간단계는 본래 또 저절로 유쾌하다는 사실도 발견했다. 또한 쥐의 뇌 속에는 이른바 쾌락중추가 있는데 이 중추에 인위적으로 자극을 주면 쥐는 지쳐서 쓰러질 때까지 계속 움직인다. 인간을 포함한 동물은 학습에 따른 보상이 단순히 새로운 환경을 탐험하거나 다른 것들을 보거나 다른 자극을 받는 데 불과할지라도 계속 학습한다는 사실도 밝혀졌다.

2) 행동주의 동기 이론

행동주의학자들은 행동이라는 관점에서 보면 목적 없는 동기는 있을 수 없다고 하였다. 개인의 기질, 자라난 환경, 자아상(自我像)을 비롯한 수많은 요인이 개입될 가능성은 있지만 일반적으로 볼 때 어떤 목적을 더 강하게 필요로 하거나 원할수록 그 목적을 더 성공적으로 이룰 수 있을 것이다. 행동주의 학자들은 목표에 대한 개인적 태도의 중요성을 강조하면서 동기에 영향을 미치는 3가지 요인을 규정하고 있다.

첫째, 원하는 대상에 대해 느끼는 양면 가치의 정도
둘째, 자신의 목적을 시각적으로 뚜렷이 떠올릴 수 있는 능력
셋째, 큰 목적을 쉽게 이룰 수 있는 여러 개의 작은 일로 쪼개는 능력

인간을 관찰하고 측정 가능한 객관적인 외현적 행동에만 관심을 두었기 때문에 외재적 동기만을 관심의 대상으로 삼았다. 또한 특정 행동을 유발시키는 보상이나 벌의 종류 등 외적 조건에만 관심을 가졌다. 행동주의 심리학자들은 '어떤 자극(S)에 대하여 어떤 행동(R)을 취하게끔 사전에

경향지어 준 힘의 집합체'라고 설명하고 있다. 인간의 행동을 자극－반응의 연합만으로 설명하기에는 한계를 느껴 보완적인 연구로 신행동주의가 제기되었다. 신행동주의 학자 헐(G. Hull ; 1951)은 욕구감소 이론(drivereduction theory)을 제시하였다. 이론은 사람들의 모든 행동은 욕구나 충동으로 인한 긴장을 감소시키므로 상항으로 진행되었다.

① 일차적 충동 : 동기란 충동에 의해 일어나는 긴장 상태로서 인간의 행동은 성욕, 갈등, 배고픔, 고통 회피의 몇 가지 기본적인 충동으로 분류 가능하며 인간은 이러한 긴장을 해소하려고 행동한다는 관점이 이차적 충동으로 분류가능하다.

② 이차적 충동 : 성취하고자 하는 욕구나 창조 활동과 같은 이차원적 충동은 인간의 기본적인 충동욕구와의 연합과정에서 발생한다. 이 또한 충동의 긴장을 감소시키는 방향으로 진행한다고 본다.

▌ 행동주의 입장에서 소방안전교육 상황 적용

① 정적강화와 부적강화

- 정적강화 : 소방안전교육의 평가에서 우수한 점수를 획득한 교육생에게 인사고과 평점이나 상금을 수여함으로써 교육의 참여강도를 높일 수 있다.
- 부적강화 : 안정교육 중간평가에서 좋은 점수를 획득한 교육생에게 교육시간을 단축시켜주어 교육의 집중력을 배가 시킬 수 있다.

② 연속강화와 부분강화

- 연속강화 : 화재예방도구 사용의 실습교육에서 교육생이 적절한 사용할 경우에 많은 사람들에게 칭찬을 함으로써 도구에 대한 숙달을 유도할 수 있다.
- 부분강화 : 소방안전교육 실습훈련에서 적절한 위기대응행동이 나오는 경우에 휴식기간을 제공하거나 교육시간을 단축시켜주는 등의 강화를 통하여 교육생에게 새로운 대응전략을 숙달하게 할 수 있다.

3) 인본주의 동기이론

인본주의적 접근은 단순한 외적 보상이나 자신의 능력과 과제 수행에 관한 내면적 신념이상으로부터 동기가 유발된다고 보았다. 인본주의 심리학자는 칼 로저스(C. Rogers), 에이브러햄 H. 매슬로(Abraham H. Maslow), 고든 올포트(Gordon W. Allport) 등에 의해 제 3세력의 심리학이로 불린다. 인간자체를 연구대상으로 삼아 전체적인 접근을 시도하였다. 그러므로 개인의 지각과 내부적 요구에 대한 반응에 초점을 맞추고, 전체로서의 인간 또는 자아를 중시하여 중심 개념으로 자아개념을 강조하였다. 인본주의심리학은 통합된 전체를 인간관으로 주장한다.

인본주의 동기 이론에서는 매슬로(1954)의 욕구 단계설을 주장하였다. "입고 먹는 것이 해결되어야 예절도 안다"라는 속담이 있듯이 인간의 욕구는 처음단계의 욕구가 만족되어야 다음단계의 욕구가 나타나서 충족요구가 생긴다.

① 생리적 욕구 : 인간의 기본적인 생리현상의 욕구(식욕, 배설욕, 수면욕, 성욕)
② 안전의 욕구 : 생리적 욕구가 해결되면 안전하고 싶어 하는 욕구가 발생(신변의 안정, 경제적 안정)
③ 소속감과 사랑의 욕구 : 안정적인 안전함을 느끼면 어느 조직이든 소속되고 싶고, 사랑받고 싶어 하는 욕구(가정, 학교, 직장, 국가 등)
④ 존중의 욕구 : 존중받고 싶어 하는 욕구(인정받고 싶어 하는 것)
⑤ 자아실현의 욕구 : 자신의 잠재력과 능력을 발휘하고 싶어 한다. (타인에 의한 자아실현이 아니라 스스로 자아실현 하는 것)
* 매슬로는 이후에도 2가지 욕구를 더 제시하였다.
⑥ 지적 욕구 : 알고 싶고, 이해하고 싶은 욕구
⑦ 심미적 욕구 : 미적으로 기쁨을 느끼고 싶은 욕구(예쁜 것을 보고 싶고, 아름다운 것을 듣고 싶고, 여행을 가고 싶은 것)

허즈버그(Herzberg)의 동기를 위생이론이라고 하였으며 매슬로 이론에 기초하였다. 또한 2요인 이론인 동기요인의 만족요인과 위생요인인 불만요인을 분류하였다. 동기유인은 직무상 성취감 느끼게 하는 인정, 보람 지위 상승을 말한다. 위생요인은 직무상 불만 일으키는 낮은 보수, 상사와 갈등, 열악한 복지 혜택 등을 말한다. 매슬로와 허즈버그 학자의 견해를 비교해 보고자 한다.

<table>
<tr><th></th><th>공통점</th><th>차이점</th></tr>
<tr><td>매슬로 이론</td><td rowspan="2">자아실현 → 동기요인
존경욕구 →
기타욕구 → 위생요인</td><td>욕구자체 관심</td></tr>
<tr><td>허즈버그 이론</td><td>욕구 충족요소 관심</td></tr>
</table>

아들러(Alder)의 ERG 이론 또한 매슬로(Maslow) 이론에 기초하였다. 상위욕구가 계속 충족이 되지 않으면 낮은 수준의 욕구를 찾는다는 이론이다. 욕구의 3가지 영역은 성장욕구, 관계욕구, 생존욕구이다. 성장욕구는 인간이 성장하면서 자신의 잠재력을 최대한 발휘하고픈 내적욕구이다. 관계욕구는 사회적 존재, 타인과 좋은 인간관계 형성, 존경받고 싶은 욕구이다. 생존욕구는 생리적 욕구와 안전, 보호욕구이다.

허즈버그(Herzberg)와 매슬로(Maslow)로 아들러(Alder)의 동기이론 간의 관계를 살펴보고자 한다.

동기이론 간의 관계 ▶

<table>
<tr><th colspan="2">Herzberg
2요인론</th><th colspan="2">Maslow
욕구단계론</th><th colspan="2">Alderler
ERG이론</th></tr>
<tr><td rowspan="5">상위
욕구
↕
하위
욕구</td><td rowspan="2">동기
요인</td><td>• 자아실현, 인지적 욕구</td><td>존재
욕구</td><td rowspan="2">성장
욕구</td><td rowspan="5">내적
동기
↕
외적
동기</td></tr>
<tr><td>• 존경받고 싶은 욕구
(자기스스로, 남으로부터)</td><td rowspan="4">결핍
욕구</td></tr>
<tr><td rowspan="3">위생
요인</td><td>• 소속과 사랑받고 싶은 욕구</td><td>관계
욕구</td></tr>
<tr><td>• 안전, 보호욕구
(사람끼리)(물리적 환경)안전</td><td rowspan="2">생존
욕구</td></tr>
<tr><td>• 생리적 욕구</td></tr>
</table>

4) 인지주의 동기이론

인지심리학자들은 사람이 어떤 동기를 갖고 있으면 그 동기와 관련한 분야의 인지능력이 예민해진다는 사실을 발견했다. 인지적인 관점에서는 인간을 능동적이고 적극적으로 사고하는 이성적인 존재로 본다. 인지주의적 접근에서는 외재 동기보다는 기대, 신념, 귀인에 기초한 내재 동기의 중요성을 강조한다. 예컨대 강한 성취욕을 가진 사람은 성취와 관련한 낱말이 스크린에 잠시 나타났다 사라져도 재빨리 그 낱말을 알아보는 경향이 있다. 가난한 사람은 부자보다 동전을 더 크게 보거나 더 크게 기억한다. 배가 고픈 사람은 음식의 자극을 다른 자극보다 더 크게 느낀다. 심리학자들은 동기가 사람의 선택 목표에도 큰 영향을 미친다고 주장했다. 예를 들어 강한 성취욕은 결과를 분명히 알 수 있고 개인의 책임감이 중요하며, 적당한 위험에 도전할 수 있는 자신의 목표에서 충족될 가능성이 가장 많다. 사람은 자랄 때의 관습을 통해 성취동기를 부여받는다고 심리학자들은 믿고 있다.

03 동기의 유형

1) 내적동기

스스로의 흥미, 호기심, 자기만족감과 성취감 등에서 비롯되는 동기이다. 인지주의에서는 활동자체, 그로인한 호기심 해결을 통한 성취감이 보상으로 작용한다고 본다. 따라서 내적동기는 지속력이 강하다. 이러한 내적동기 3가지 요소는 외적보상의 부작용, 지속적인 보상제공의 한계, 수단의 목적화 등이 있다.

첫째, 외적보상의 부작용은 인간의 외적 보상으로 동가가 유발되므로 인간의 능동적이고 자발적인 의지를 악화시키고 탐색하는 노력을 줄일 수 있다.

둘째, 지속적인 보상제공의 한계는 외적 보상에 의하여 인간의 동기를 유지하려면 계속해서 보상이 제공되어야 한다. 그렇지 않고 보상이 중단되면 바람직한 행동도 중단된다. 더욱이 보상의 양도 점차 많아져야 그 효과도 기대할 수 있으므로 경제적 자원이 많지 않은 경구 한계가 있다.

셋째, 수단의 목적화는 바람직한 활동보다 보상을 받는 것에만 관심을 갖게 되는 경우 자발적인 동기는 저하되고 행동이물질적인 보상에 좌우 될 수 있다.

개인의 흥미에 따라 도전할 만한 과제를 찾아 정복하는 과정에서 자연스럽게 능력을 발휘하게 되는 동기를 의미하나다. 내적동기가 높은 사람은 과제 자체나 그것이 가져다는 주는 성취감을 즐긴다. 내적동기의 향상방법은 다음과 같다.

첫째, 흥미를 일으킨다. 소방안전교육사는 소방안전을 위하여 흥미를 유발할 수 있는 방법으로 시청각자료를 준비하고 피교육자들이 스스로 학습방향과 과제를 설정하도록 한다. 그리고 어떻게 설정된 방향과 목표에 따라 교육일정을 수립하여야 한다.

둘째, 다양한 발표형식을 통한 내적동기 유발은 피교육자들이 설정한 학습목표와 과제를 다양한 방식을 통하여 발표하게 한다. 이때 피교육자 스스로 관심 있는 발표형식을 선택하여 자긍심을 높일 수 있도록 배려한다. 이때 발표 내용이 추상적이 되지 않도록 원인과 결과, 구체적인 조직화 방향 등을 제시하도록 한다. 교육의 유용성 제시 피교육생이 소방안전교육이 왜 필요한지와 교육을 통하여 습득한 지식과 활동이 자신의 삶에서 차지하는 의미를 깨닫도록 한다. 이를 위해서는 소방안전교육사 자신도 교육의 의미와 역할을 확립하는 것이 선행되어야 한다.

2) 외적동기

과제의 해결이 가져다 줄 보상이나 벌에서 비롯되는 동기를 의미한다.

① 인지주의 이론 : 인지의 변화를 주장한 바이너(Weniner)의 귀인이론, 매슬로(Maslow) 욕구설

② 행동주의 이론 : 자극과 반응을 결합하여 인간의 행동을 변화(강화, 벌)

구분	내적동기	외적동기
발생	스스로 발생	인위적 조작적으로 형성
목적	~때문에(이유)	~위하여(목표)
요소	자발적	인위적이므로 수동적
주체	학습자	교사나 환경
지속성	장기적 효과성	주로 단기적임
이론	인본주의(욕구 위계설, 귀인이론)	행동주의
방법	흥미, 호기심, 즐거움, 보람, 기쁨, 욕구, 성취동기, 동일시	칭찬, 보상(강화) 상벌

3) 성취동기

성취동기는 도전할 만한 일을 이룩하려는 동기이다. 이 개념은 매클린랜드, 에킨슨(Mc Clelland, Atkinson : 1958)이 처음 제시한 것으로 그는 개인의 동기체계를 TAT와 같은 투사 모든 인간행동은 기본적 성격검사를 통하여 성취 심상을 측정함으로써 개인의 성취동기 수준을 결정하였다. 에킨슨(Atkinson ; 1964)의 목표성취동기이론으로 인간이란 성취에 대한 동기 욕구와 성공확률에 대한 상대적 강도에 따라 목표를 향한 인간 동기의 정도는 다르다고 보았다.

성취동기가 크면 클수록 실패회피 욕구는 적어진다. 이는 경쟁적인 사회에서 자신감을 갖고 모든 일을 수행하고 사회적 압력이나 유혹을 굴하지 않고 스스로 난관을 극복하여 나간다. 상금, 트로피, 칭찬 등과 같은 외적동기도 성취동기에 영향을 미친다. 안전사고나 화재발생과 같은 위험한 상황에서 바람직한 행동이 더 자주 일어나도록 하기 위해 상금이나 보너스 등 외적보상이 주로 사용한다. 그러나 내적동기이론에 의하면 외적 보상은 바람직한 행동을 지속시키는데 한계가 있다.

성취동기에 대하여

일을 성공적으로 처리했을 때 느끼는 만족감으로 스스로 자기의 능력과 비교하여 도전할 가치가 있다고 하면 능률적, 적극적으로 수행하여 성취할 수 있게 자신감을 부여한다. 이러한 성공적 실습행동 체험 학습은 자신감을 불러 일으키고 수업에 더 적극적으로 참여하게 한다. 이처럼 성취동기는 학습된 것이다. 성취동기이론은 머레이가 시작하여 맥클랜드와 에킨슨이 체계화하였다. 맥클랜드는 연구과정 중 성취동기의 측정을 위해 주제 통각 검사(TAT)를 고안해 내었다(Mc Clelland, 1983). 에킨슨은 성취동기를 가장 최근에 경험한 성공, 실패의 경험과 난이도, 가능성 등과 같은 상황들에서 형성되는 내적동기(신념, 가치 등)를 보았다. 이는 반두라의 자아 효능감이론과 비슷한 것으로 성취동기(자아 효능감)가 높을수록 다음번에 과업에 대한 기대치와 동기가 높으므로 더 열심히 하려한다.(예를 들면, 옥내 소화전을 사용해 불을 꺼본 사람은 터널 화재에도 초기 대처가 가능하다.)

성취동기가 높은 사람의 행동 특성을 다음과 같이 살펴보고자 한다.

① 문제 중심으로 사고하면 목표가 분명한 과업지향적 성향이다.
② 자발적으로 행동하며 적절한 모험성이 있다.
③ 정력적이고 혁신적인 창의적 활동을 한다.
④ 자신감과 자기 책임감이 투철하다.
⑤ 미래지향적 경향을 지닌다.
⑥ 효율적인 현실 판단, 모호한 것들도 받아들이고 결과를 알고 싶어하는 경향이 있다.
⑦ 수단과 목표를 구분하며 정확한 판단과 조속한 피드백이 있다,
⑧ 공동체 의식이 있다.
⑨ 유머가 있다.
⑩ 반복되는 경험조차 새롭게 평가한다.
⑪ 깊은 대인 관계를 가진 사람이 있다.
⑫ 고정관념으로 판단하려고 안한다.

예를 들면 내가 드디어 소방안전교육사를 취득했다. 이 경험을 살려서 더 열심히 하자. 읽기, 쓰기, 셈하기 → 더 고차원적 발전

정서

01 정서적 개념

정서는 라틴어의 Emovere에서 유래한 것으로 '밖으로 움직여 나간다.'는 뜻을 가지게 되며 개체의 동기 상태를 의미한다. 정서(emotion)란 개인이 현재 가지 있는 감정 상태로, 신체적인 변화를 동반하면서 일시적으로 일어나는 흥분된 강한 감정을 정의한다. 인간이 느끼는 대부분의 정서는 기쁨, 애정, 분노, 불안, 우울, 공포, 시기, 질투 등이다. 이러한 정서는 행동적 반응을 수반하게 되며 개인의 생활적응에 영향을 미친다. 그러나 정서 반응이나 행동을 생활에서 억제하게 함으로써 정서가 해소되지 않는 상태에 처하게 될 경우, 억제된 정서는 마음의 한 구석에 축적되어 환경에 대한 적응에 많은 문제를 야기할 수 있다. 특히 어린 시절 억제된 화나 분노는 청년기에 반사회적인 공격행동으로 표출되기도 한다. 또는 정신 신체적 질환, 정서·행동장애, 지능 및 학업성취, 사회·정서적 특성에도 영향을 미치므로 개인의 바람직한 정서표현은 매우 중요하다.

정서를 영어로 emotion, affect, mood 등으로 쓰고 있으나 affect는 주어진 어떠한 때의 일반적인 느낌을 의미하며 일반적으로 emotion보다는 좀 더 지속적이고, mood(기분)보다는 덜 지속적이라고 생각되고 있다. 또한 emotion은 갑자기 생기며 심한 생리적 변화를 동반하고 독어의 Affect와 같은 의미이다. 그리고 affect는 넓게 감정을 통칭하며 mood는 지속적인 감정상태 즉 일정기간 동안 지속된 정서를 의미한다.

02 정서유발이론

일반적으로 알고 있는 정서가 신체반응을 가져오는 것이 아니라 신체반응이 정서의 변화를 가져온다. 즉 기뻐서 웃고 슬퍼서 우는 것이 아니라 웃기 때문에 기쁘고 울기 때문에 슬퍼진다는 것이다. 그러나 정서의 기본적인 특징은 신체적인 변화를 수반한다는 것이다. 대부분의 사람들은 감정의 변화가 신체적인 변화를 유발한다는 견해를 가지고 있다. 그러기 때문에 슬프면 울게 된다고 생각한다. 미국의 심리학자 윌리암 제임스(William James ; 1884)는 이런 일반적인 견해와는 상반된 주장을 했다. 그는 우리가 정서라고 말하는 것은 생리적인 변화에 대한 지각의 결과라고 주장한다. 즉, 슬퍼서 우는 것이 아니라 우니까 눈물이 나서 슬프다는 것이다.

1) 제임스와 랑게의 말초이론

미국의 심리학자인 윌리암 제임스(William James)는 정서는 생리적인 변화에 대한 지각의 결과로 즉, 신체적 반응에서 오는 피드백에 의해 결정되는 것이다. 신체적 변화가 먼저 일어나며 이를 지각하는 것이 정서이고 행동과 감정은 병행하며, 행동은 의지에 의해 직접적으로 통제될 수 있지만 감정은 행동을 조장함으로써 간접적으로 조정할 수 있다.

윌리암 제임스는 다음과 같이 말하고 있다. "행동은 감정에 의해 일어나는 것처럼 보이지만 실제로 행동과 감정은 병행한다. 행동은 의지에 의해 직접적으로 통제될 수 있지만 감정은 그렇지 않다. 그러나 감정은 행동을 조정함으로써 간접적으로 조정할 수가 있다. 따라서 쾌활함을 잃었을 경우에 그것을 되찾는 최선의 방법은 쾌활한 듯이 행동하고 명랑하게 지껄이는 것이다." 또 다른 예를 들면 어두운 밤에 어두운 골목에서 낯선 사람과 갑자기 마주치게 되면 자율신경계의 교감신경계가 활발하게 활동을 하기 시작해서 심장박동수가 증가하고 동공이 확장되는 등의 생리적 변화가 유발된다. 이러한 생리적인 변화들을 지각함으로써 우리는 '공포'를 느끼게 된다는 것이다.

비슷한 시기에 덴마크의 생리학자인 칼 랑게(Carl Lange ; 1885)는 덴마크의 심리학자와 함께 말초이론을 제시하였다. 말초이론 거의 동시에 정서 자극을 지각하는 순간에 근육과 자율신경계가 반사적으로 반응하고 대뇌가 이 신체반응을 지각하는 것이 정서라고 주장하였다. 덴마크에 심리학자인 칼 랑게도 제임스와 같은 견해를 가지고 있었기 때문에 이러한 이론을 제임스와 랑게의 말초이론이라 한다.

2) 캐넌과 바드의 피질간뇌이론

캐넌(Canon ; 1972)은 뇌의 생리학자이며 정서를 중심역할을 하는 것은 뇌의 시상이라고 생각한다. 외부에서 주어지는 정서유발 자극은 시상(thalamus)을 자극하고 그 신경파는 대뇌피질로 신호를 보내어 정서를 경험하게 하며, 자율신경계로 신호를 보내 생리적 반응을 일으키게 되는 것이다. 정서와 신체적 반응은 동시에 일어난다고 주장하였다. 정서의 원천인 중추신경조직에서 비롯된다는 것을 알아냈다.
캐넌(Canon ; 1972)의 이러한 주장은 필립 바드(Philip Bard ; 1934)에 의해 확장되어 캐넌과 바드 이론이라고 부른다.

3) 샤흐터의 이요인 이론

정서는 개인이 처해있는 상황과 그 상황에 대한 개인의 해석과 평가의 의해 결정한다. 스탠리 샤흐터(Stanley Schachter)와 제롬 싱어(Jerome Singer ; 1962)는 정서에 대한 인지적 관점을 검증하는 실험에서 통제집단에는 플라시보 실험집단에는 에피네프린 주사하여 행동관찰을 진행하여 개인 각자의 지각과 인지에 의해서 정서적 경험이 달리 결정된다고 도출하였다.

03 정서의 종류

기본적인 정서의 종류는 학자마다 달리 주장되고 있는데 톰킨스는 기쁨, 슬픔, 분노, 놀람, 공포, 혐오, 흥미 및 수치심의 여덟 가지 기본 정서를 구분하고 있다. 로버트 플루칙(Robert Plutchik ; 1980)은 8개의 기본정서를 주장하고 있다. 이러한 기본정서는 공포(fear), 분노(anger), 기쁨(joy), 슬픔(sadness), 수용(accleptance), 혐오(disgust), 기대(expectancy), 놀람(surprise)이다. 기본 정서를 하나의 원으로 묶고, 이러한 원을 다시 3차원적 팽이 모양으로 제작하여 정서의 강도에 따른 변화의 추이까지 검토하였다. 또한 이 기본 정서가 이웃한 정서와 합하여 또 다른 정서를 만들어 낸다고 보았다. 이것이 혼합 정서이다. 기쁨이 수용과 합해지면 사랑이 되고, 수용과 두려움이 합해지면 복종이 되며, 두려움과 놀라움이 합해지면 경외가 된다. 그러나 놀라움과 슬픔이 합해지면 실망이 된다.

플루칙의 ▶ 정서바퀴 (서해문집, 2011)

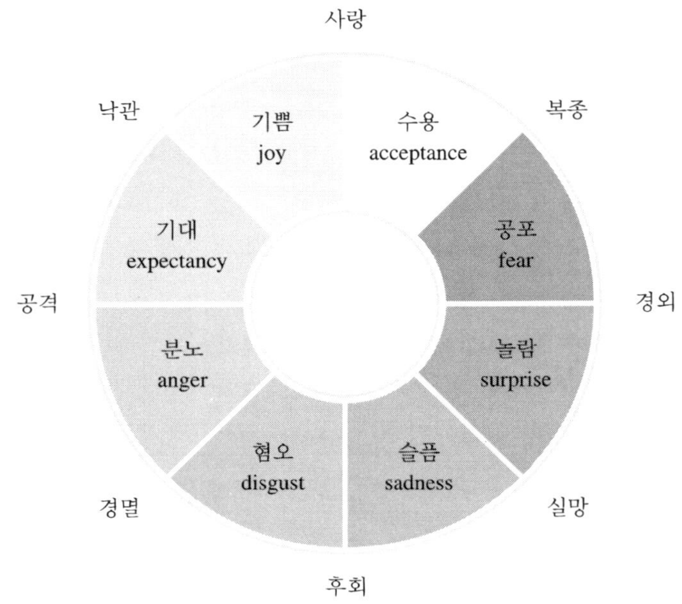

04 정서의 특성

첫째, 정서에는 개인차가 있다. 정서는 개인의 감각 경험, 지각 경험, 인지양식, 신체적 특성, 학습 경험, 성숙 정도, 문화양식에 따라 차이가 난다. 예를 들면, 공포영화를 보고 어떤 사람은 태연한가 하면, 어떤 사람은 극도로 불안하여 잠을 못 자거나 악몽을 꾸는 등 어느 정도 혼란을 겪기도 한다. 이와는 달리 불안, 공포, 강한 분노와 같은 정서를 표출하지 못하고 장기간 억압할 때 최초의 정서 경험 내용과 다른 형대로 개인의 일상생활을 방해한다. 그리하여 신체 내부에 질환이 생겨 위장병, 고혈압, 편두통, 심장병과 같은 정신 신체장애가 온다.

둘째, 정서는 신체 변화를 가져온다. 정서는 선천적·신체적인 기질에 따라 다양하게 변화한다. 예를 들면, 혐오자극을 받았을 때 얼굴 표정이 굳어진다거나, 신체적 움직임이 경직된다든지, 외형적 행동 변화가 온다. 또한 눈동자의 크기 변화를 통해 정서 상태를 나타낸다. 좋아하는 사람과 가까이 있을 때 가슴이 뛰고, 흥분되는 등의 혈액 순환의 변화를 경험하게 되고, 중요한 시험을 앞두고 긴장했을 때 소화가 안 되고 손바닥에 땀이 베이는 초조한 경험을 하게 된다.

셋째, 정서는 개인의 신체행동 거리 유지에 영향을 미친다. 인간의 영역이나 공간에 대한 정서는 의식적이라기보다는 잠재의식적인 것으로 사람들은 자신의 공간이 타인에 의해 침해되는 것으로 느꼈을 때 종종 불안해지거나 초조해짐을 느끼게 된다. 예를 들어, 엘리베이터의 좁은 공간에 전혀 알지 못하는 두 사람이 탔을 경우 1층에서부터 각자의 목적지에 도달하기까지 두 사람은 어디에 시선을 두어야 할지 몰라 멋쩍은 시간을 보내게 되었던 경험을 누구나 하게 된다. 대부분의 사람들이 벽 쪽을 보거나 자신의 신발, 허공 등을 응시하며 잠깐의 시간이지만 심리적으로 매우 길게 느끼며 불편했을 것이다. 이와 같이 사람들은 자신의 개인적 공간이 타인에 의해 침해받게 될 경우에 긴장하고 경계심을 갖고 당황하게 되며 자신과 타인 사이에 일정한 거리를 두고자 한다. 이처럼 자기만의 공간을 충분하게 확보할 수 없을 때 사람들이 사용하는 독특한 테크닉이 있다. 침입자를 사람으로 취급하지 않는 것이다. 사람이 없는 것처럼 벽을 보거나 층수를 알려주는 숫자판을 들여다봄으로써 가능한 한 시선을 마주치지 않으려고 노력한다. 그리고 어쩔 수 없이 마주쳐야 하는 경우에는 사물을 대하듯이 표정을 짓고 무표정을 가장한다.

이에 대해 홀은 인간이 자신의 주변에 설정해 놓은 구역이나 영역에는 친밀한 거리, 사적인 거리, 사회적인 거리, 공적인 거리 등이 있다고 결론지었다.

① 친밀한 거리 : 자신과 타인 사이에 있을 수 있는 가장 근접한 거리로서 이러한 거리는 15～30cm에 해당한다. 이는 사랑을 나누는 남녀 간의 관계나 부모와 자식 간의 관계와 같이 친밀한 관계나 비밀을 공유하여 귓속말을 주고받을 수 있는 관계에서 관찰된다.

② 사적인 거리 : 대개 친한 친구들끼리 대화를 할 때의 거리인데 30～60cm, 90cm 정도의 거리에 해당된다.

③ 사회적 거리 : 사람들이 사회적인 상황에서 맺게 되는 관계를 의미하

며, 상거래, 복도나 길가에서 지나치며 하는 인사 등과 같은 사무적인 형태의 상호작용을 하게 된다. 이러한 거리는 120cm 정도의 거리에 해당한다.

④ 공적인 거리 : 겨우 대화를 나눌 수 있는 210～280cm 이상의 거리이다. 이러한 공간은 거의 모든 사람들에게 관련되는 것이며, 공적인 상호작용에 있어 사람들은 이들 공간 안에서 자유롭게 이동한다. 또한 사람들이 무례한 행동을 하지 않으면서 적당히 딴전을 부리고 무시할 수 있을 정도의 거리이다. 이처럼 사람들은 자신의 개인적 공간을 침범해 오는 사람을 만나게 되면 불편해지기 때문에 어떻게 해서든지 적절한 거리를 유지하려고 노력한다. 좌석버스에서 창 쪽 좌석을 비워 놓고 일부러 복도 쪽에 앉는다거나, 옆 좌석에 짐을 두는 행위와 도서관에서 공부할 때 학생들이 자기 책을 옆 책상에 놓아두거나 신문으로 가리는 행동 등이 그것이다.

05 정서의 표현과 조절

정서의 표현은 생득적일 수도 있고 학습에 의해 영향을 받을 수도 있다. 태어날 때부터 장님인 어린이들의 정서표현에 관한 연구에서 여러 종류의 정서와 관련된 표현이 그들이 성숙함에 따라 자연스럽게 나타난다는 사실을 밝혀냈다. 즉, 타인들이 어떤 표현을 하는지 볼 수 없음에도 불구하고 장님 어린이는 타인들과 유사한 형태의 정서표현을 할 수 있는 것이다. 또한 에크먼(Ekman)과 프리센(Friesen ; 1975)에 의하면 어떤 얼굴표정은 문화와 관계없이 보편적 의미를 가지고 있다고 한다. 다섯 개의 서로 다른 문화에서 온 사람들에게 행복, 분노, 슬픔, 혐오, 공포 및 놀라움에 대한 얼굴표정의 사진을 보여주고 각 표정에 관련된 정서를 구별하도록 했을 때 구별에 거의 어려움이 없었다고 한다. 그러나 이러한 생득적 정서표현이 학습이나 문화의 영향을 전혀 받지 않는 것은 아니다. 아기들이 보챌 때나 재롱을 떨며 좋아할 때를 살펴보면 유아들은 그들의 정서를 표현하는데 아무 어려움이 없는 것 같다. 유아의 자연스러운 감정표현은 그들의 불편함을 덜어줄 수 있도록 어른의 관심을 끌게 된다. 이러한 통제 없는 감정표현은 아이를 돌보는 사람에게 너무 지나친 긴장을 주게 되기 때문에 유아의 신경이나 분비선 조직이 성숙함에 따라 어른들은 아이들에게 정서를 조절하는 방법을 가르친다. 그 결과 성장기의 유아들은 정서를 계속 경험하면서도 종종 이를 공개적으로 나타내지 않게 된다. 이때 통제가 지나치면 정서를 표현하는데 있어서 가장 큰 문제를 초래하게 된다. 정서는 보통 언어적인 수단뿐만 아니라 비언어적인 수단, 즉 몸짓, 발성, 얼굴표정 등을 통해서 전달되기도 한다. 여러 연구를 통해 비언어적 반응 중 일부는 선천적인 것임을 알 수 있다. 그러나 감정표현에 있어서 학습된 요소와 선천적인 요소를 구별하는 것은 쉽지 않다. 어떤 정서는 다른 정서보다 더 표현하기 쉽다. 일반적으로 사랑, 행복, 결심 등을 표현하는 데는 별다른 어려움을 느끼지 않지만, 혐오, 경멸, 고통 등을 표현하기는 좀 더 어렵다. 우리는 자신의 정서를 타인에게 잘못 전달하기 일쑤이기 때문에 언어적인 것뿐만 아니라 비언어적인 의사소통 방법도 배워야 할 것이다.

의사소통에서 비언어적 정서를 해석하고 전달하는 능력은 우리 자신의 경험과 노력에 따라 좌우된다. 정서가 적응적 가치를 지니며 여러 가지 사회적 기능을 담당한다고 해서 사람들이 언제나 정서를 있는 그대로 표출하고 수용하는 것은 아니다. 원시사회와 달리 현대사회에서는 정서를 있는 그대로 표출하고 수용하는 것이 적응을 오히려 방해하는 경우까지도 발생할 수 있다. 그래서 사람들은 자신의 정서를 여러 가지 방식으로 조절한다. 이와 같은 정서 조절의 필요성은 대체로 분노, 슬픔, 실망, 공포, 긴장 등 부정적 정서유발 상황에서 발생하지만 우리가 흔히 '표정관리'라는 말로 표현하듯이 주변 사람들이 모두 슬프고 불행한 일을 겪고 있는데 자신에게만 기쁜 일이 일어났을 때 다른 사람들을 배려한다는 좋은 의미에서 발생할 수도 있다. 정서표현을 위한 몇 가지 지침을 살펴보면 다음과 같다.

첫째, 자신의 신체적 증상을 이해한다. 자신에게 있었던 내부적인 일이나 감정을 토대로 하여 자신의 감정에 대한 새로운 인식을 갖도록 한다.

둘째, 자신의 정서를 확인한다. 자신의 정서를 부인하거나 억압하지 말고, 그것이 어떤 정서인지를 밝혀 본다. 그 정서에 이름을 붙일 수 있다면 붙여 보고, 그렇지 않다면 그 정서가 자신에게 어떤 영향을 미치며, 이를 묘사할 수 있는 은유적 표현이 무엇이며 또는 자신이 느끼는 충동이나 동기가 무엇인지 기술해 본다. 대부분의 사람들은 사회적으로 받아들여질 수 없는 감정을 억제하고 부인하도록 사회화되어 왔기 때문에 이러한 정서표현은 아주 어려운 일일 것이다. 그러나 사람들이 자신의 감정을 부인하거나 부정직하게 표현하도록 배운다면 그것이 자신의 정신건강을 위해 무슨 의미가 있겠는가?

셋째, 자신의 정서를 자기의 것으로 한다. 자신의 정서를 타인에게 전가하거나 그 문제로 인해 타인을 책망하지 말고, 자시의 정서 문제에 대해서는 개인적인 책임감을 가져라. 만약 여러분이 어떤 사람에게 "너, 나를 아주 화나게 했어"라고 말했다면 여기에는 그 사람을 상당히 구속하려는 의도가 포함된 것이다. 그러나 "나 당신에 대해서 화가 나 있어"라고 말했다면, 자산의 감정을 확고히 소유하고 그러한 감정에 대해서 책임을 지려한다고 보여 질 것이다.

넷째, 자신의 정서를 다루는 데 무엇이 필요한지 결정한다. 정서에는 상당한 힘과 잠재력이 내포되어 있다. 개인이 그러한 힘과 잠재력을 어떻게 다루어야 하느냐 하는 것은 그 사람 자신이 해야 될 일이고 책임이다. 자신의 정서를 다루는 데 필요한 것을 결정하기 위해서는 내가 할 수 있는 선택과 대안에는 어떤 것이 있는가? 각각의 선택으로 인간 결과는 어떤 것이 있을 수 있는가? 내가 내린 결정에 대해서 나는 만족하는가? 등을 자문해야 될 것이다.

귀인이론

바이너(Weiner)가 체계화한 인지주의적 학습이론으로서 인간행동의 원인이 개인의 특성 및 환경이 아닌 자신이 어떻게 생각하느냐에 따라 달라진다는 관점에서 출발한다. 성공이나 실패에 대해 자신의 행동의 원인을 귀속시키는 경향성에 대한 이론이다. 어떤 사건의 원인을 무엇이라고 생각하는가에 따라 개인의 감정, 미래 수행 기대, 동기 따위가 크게 달라진다. 학생들이 학습결과의 성패의 원인이 무엇 때문이었는지 생각하느냐에 따라서 앞으로의 학습에 영향을 미친다.

01 귀인이론 개념

귀인이론(attributions theory)은 사태가 왜 그렇게 되었는지에 대한 원인을 지각한다. 이미 발생한 사태들의 원인 지각을 주로 연구하는 이론이다. 이 이론은 1958년대 하이더(Heider)에 의해 대체적인 기본가정이 성립하였다. 그 후 1970～80년대에 바이너(Weiner)에 의해 성취 귀인이론으로 발전하였다.

바이너(Weiner)의 귀인이론의 개념으로는 개인이 어떠한 특정한 상황에서의 성취 결과에 대하여 그 원인을 무엇으로 인식하느냐에 따라 그의 행동이 달라진다고 가정한다. 개인이 외형적인 행동을 근거로 행동 또는 자신의 내적 상태에 관하여 내리는 추론, 귀인이론은 행동의 지각된 원인과 의미에 대한 연구를 중요시 하고 자신의 행동이나 타인의 행동에 관하여 인과적이고 논리적이 해석을 내리는 방법을 강조하는 성취동기에 대한 인지적 접근이다. 어떤 하나의 사상과 그 원인을 서로 연결시키는 개인의 심리적 성향이나 경향을 말한다. 귀인이론의 기본가정은 사람들의 귀인을 하는 것, 곧 상황에 대한 이해와 탐색이 행동을 이끌어 낸다는 것이다. 사람은 어떤 행동이나 상황이 일어났을 때, 그것이 왜 일어났는지의 원인을 추리하게 되며 그 결과가 일어난 원인을 나름대로 도찰하여, 자신이 생각하는 현상의 원인을 통해 사건 전체를 파악하게 된다.
다시 말하면 사람들은 어떤 일이나 상황에 대해 그것이 '왜' 일어났는지를 생각하게 된다는 것이며 또한 어떤 사건에 대해 "~탓이다"고 말하거나 생각하는 것은 귀인행동이라고 한다. 이처럼 보통 사람들은 귀인에 의하여 주위의 환경이나 현실세계를 나름대로 이해함과 동시에 어떤 반응이나 행동을 할지 선택하게 된다. 예를 들어 귀인이 화재나 안전사고와 같이 자신의 주변에 발생한 원인을 찾아가는 사고과정이다. 이때 동기적 및 인지적 요인으로 인해 발생하는 오류로 근본적 귀인오류와 행위자-관찰자오류, 자아고향편파-자기위주편향이 있다.

1) 근본적인 귀인오류

솔로몬 애쉬(Solomon Asch), 스탠리 밀그램(Stanley Milgram) 등 사회심리학자들로서 지극히 상식적이고 합리적인 행동을 할 것이라 기대되던 개인들이 상황 압력을 만남으로 인해 얼마만큼 비합리적인 존재로 둔갑할 수 있는 가를 실험하였다. 이러한 실험은 동조 실험과 복종 실험 등이며 그들은 그들 자신만의 독특하고 기발한 실험들을 통해 그것을 증명했다. 예를 들면 선분의 길이를 비교하는 지극히 단순한 문제, 전기충격의 영향으로 괴로워하는 이를 눈앞에 두고도 전기충격의 강도를 높여야 하느냐, 낮춰야 하느냐는 뻔한 윤리적 문제도, 상황적 압력에 따라 지극히 어려운 문제가 될 수 있다는 사실을 실험을 통해 낱낱이 보여 주였던 것이다. 한편 우리가 상황의 힘에 주목해야 하는 또 한 가지 중요한 교훈을 남긴 이론이 있었으니 그것이 바로 '근본 귀인 오류(fundamental attribution error)'다. 근본 귀인 오류란 무릇 크고 작은 사건들의 원인을 판단하기 위해서는 개인적인 요인과 상황적인 요인 모두가 고려되어야 함에도 상황적인 요인을 무시하고 사건의 원인을 오로지 개인적인 요인 탓으로만 돌리려는 인간의 경향성을 가리키는 말이다.
인간은 근본 귀인 오류를 가지고 있다. 생존에 유리하여 진화적으로 남겨진 본능에 의한 것이든, 자극의 현저성에 관한 인지적 고려에 의한 것이든 인간은 상습적으로 근본 귀인 오류를 범한다. 현저성(salience)은 자신의 문제에 대해서는 '상황 탓'을 하고, 타인의 문제에 대해서는 '사람 탓'을 하는 행위자-관찰자 편향(actor-observer bias)과도 관계되는 것으로 자신을 볼 때와, 타인을 볼 때 획득하게 되는 정보의 비대칭으로 인해 사건의 원인에 대한 판단이 달라질 수 있음을 말하는 것이다.
예를 들면 어떤 일이 이러났을 때 '내 저럴 줄 알았어', '쟤는 원래 덤벙댔어~'라고 말하는 경우이다.
근본 귀인 오류가 일어나는 다른 설명으로는 인지적 구두쇠(cognitive miser)인 인간의 속성을 들 수 있다. 주의력, 사고력, 전략적 의사결정 능력 등 인간의 고차원적 정신 기능이 수행되고 유지되기 위해서는 충분한 양의 정신적인 에너지가 필요하다.
가급적 에너지를 보존하여 미래에 있을지 모르는 '비상상황'에 대비하도록 프로그래밍된 인간은 다시 말해 정신적 에너지를 낭비하기보다는 고정관념(stereotype), 편견(prejudice), 휴리스틱(heuristic) 등 정형화된 생각의 틀에 의존하며 에너지를 보존하도록 동기화된 존재라 할 수 있다. 따라서 당장 눈앞에 현저하게 나타나는 개인적인 요인에 의존하고 별도의 인지적/행동적 노력을 통해서야 얻어낼 수 있는 상황적인 요인들에 대해서는 '귀찮음'을 느끼는 것이 인지적 구두쇠 속성을 지닌 인간에게는 오히려 자연스러운 행위일 수 있다.
마지막으로 정보의 비대칭성이 근본 귀인 오류를 낳는 하나의 원인은 근본 귀인 오류의 책임이 비단 판단자에게만 있는 것은 아님을 시사한다. 앞서 언급했듯 정보가 불균등하게 주어지면 주어지는 대로 어찌 되었든 판단을 내려야 하는 것이 인간의 자연스러운 모습이다.

2) 행위자－관찰자 편향

사람들은 자신의 행동에 대해서는 외부요인으로 타인의 행동에 대해서는 내부요인으로 귀인한 경향이 있다. 똑같은 행동도 자신이 행위자 일 때와 다른 사람이 그 행위를 하고 있는 것을 관찰할 때 이유를 다르게 찾는 것을 말한다.

3) 자아고향－자기위주편향

사람들은 성공 시 내부요인으로서 실패 시는 외부요인으로 귀인한 경향이 있다. 귀인과정에서 일반적으로 일어나는 편향으로 자기가 한 일에 대해서 잘된 경우는 스스로 책임을 지지만 그러지 못한 경우는 남의 상황

탓으로 귀인 하는 경향성을 말한다. 이는 잘못되면 제 탓 못되면 조상 탓이라고 하며 남의 탓으로 돌려야 자아존중감이 상하지 않으며 잘 됐을 때 그 책임을 자신에게 돌림으로써 자아존중감을 고양시킨다.

02 귀인의 원인

프리츠 하이더(Fritz Heider ; 1958)에 의해 제시된 가장 기본적인 귀인 차원은 원인소재의 차원이다. 바이너(Weiner ; 1986)의 모형에 따르면 귀인은 원인의 통제 소재, 안정성, 통제 가능성의 세 가지 차원으로 범주화될 수 있다.

① 원인의 통제소재 차원

어떤 일의 성공이나 실패에 대한 책임을 내적인 요인에 두어야 하는지 외적인 요인에 두어야 하는지에 대한 것이다. 어떤 결과에 대한 책임을 자기 자신의 노력이나 능력으로 돌리면 이는 내적요인으로 볼 수 있다. 이러한 경우 성공하면 자부심과 동기 증진을 가져올 수 있지만 실패하면 수치감이 증폭된다. 이에 비해 어떤 결과에 대한 책임을 과제의 난이도 혹은 운으로 돌리면 이는 외적 요인으로 볼 수 있다. 이 경우에는 성공하면 외부의 힘에 감사하고 실패하면 분노를 일으키게 된다.

② 안정성 차원

어떠한 일의 원인이 시간의 경과나 특정한 과제에 따라 변화하는가의 여부에 따라 안정과 불안정으로 분류된다. 안정성의 차원은 미래에 대한 기대와 연관되어 있다. 자신의 성공 또는 실패를 자신의 능력이나 시험의 난이도와 같은 안정적 요인에 귀인하면, 미래에 비슷한 과제에서도 같은 결과를 기대할 것이다. 그러나 학생들이 불안정적인 요인에 귀인하면 그 결과를 예측할 수 없다.

③ 통제 가능성 차원

그 원인이 자신의 의지에 의해 통제되어질 수 있느냐의 여부에 따라 통제가능성과 통제 불가능으로 분류된다. 통제가능성 차원은 자신감과 미래에 대한 기대와 관련이 있다. 높은 점수를 통제 가능한 요인으로 귀인하면 자부심을 느끼면서 다음에도 비슷한 결과를 기대할 수 있다. 반면에 불가능한 요인으로 귀인하면 "정말 운이 너무 좋았어!"라는 식으로 안도하며 앞으로도 그런 행운이 계속 되기만을 바랄 수밖에 없다.

바이너(Weiner)는 학교학습과 귀인이론을 연관시켜 학습결과의 성과를 자신에서 찾고, 시간과 상황 속에서도 찾으며 또한 의지로 통제가 가능한 것에 따라 학습의 동기화에 많은 영향을 미칠 수 있다고 보았다. 예를 들면 실패의 원인이 노력의 부족이라고 본다면 다음 시험을 위해 더 열심히 공부할 것이다. 실패의 원인이 적성에 안 맞는다고 보거나 능력이 안 된다고 보면 포기할 것이다. 동기 유발의 요인은 능력, 노력, 과제난이도, 행운이다. 다음은 귀인과 각 차원의 관계를 정리한다.

귀인요소	원인소재	안정성 여부	통제가능성 여부
능력	내적	안정성	통제불가능성
노력	내적	불안정성	통제가능성
과제난이도	외적	안정성	통제불가능성
운	외적	불안정성	통제불가능성

학습자는 비효율적인 양적 학습보다 자신의 노력에 대한 학습의 성과를 통한 반성적 사고로 자신의 학습의 효율성을 깨달아야 한다. 즉, 막연한 양적 노력이 아닌 효율적인 학습노력이 중요하기 때문이다. 이처럼 귀인이론을 통하여 학습자를 되돌아보게 하는 것이 필요하다.

<table>
<tr><th colspan="3">관점분류</th><th>학습 성공에 대한 이유</th></tr>
<tr><td rowspan="4">내적원인</td><td rowspan="2">안정</td><td>통제가능</td><td>내가 열심히 노력해서 합격했다.(노력)</td></tr>
<tr><td>통제불가능</td><td>나는 소방 안전 쪽에 재능이 있다.(능력)</td></tr>
<tr><td rowspan="2">불안정
(자기의지)</td><td>가능</td><td>시험 한 달 동안 놀지도 않고 공부만 했다.(노력)</td></tr>
<tr><td>불가능</td><td>시험 볼 때까지 감기도 안 걸렸다.(능력)</td></tr>
<tr><td rowspan="4">외적원인</td><td rowspan="2">안정</td><td>가능</td><td>훌륭한 선생님이 나올 것을 정리해주셨다.(난이도)</td></tr>
<tr><td>불가능</td><td>책에서 공부한 것만 나왔다.(운)</td></tr>
<tr><td rowspan="2">불안정
(자기의지)</td><td>가능</td><td>시험 친구들과 예상문제를 정리해 합격했다.(난이도)</td></tr>
<tr><td>불가능</td><td>연필 굴러서 과락을 면했다.(운)</td></tr>
</table>

* 불안정 의미 : 지금 결과가 바뀔 수 있다는 의미 또는 변화시킬 수 있는 가능성을 의미한다.

03 귀인에 영향을 미친 요인

다른 사람과 비교정도, 과거의 수행의 역사, 일관성, 성별의 차이, 연령의 차이, 개인적 성향, 사회적 문화적 원인, 교사의 태도 즉 능력에 대한 믿음, 행동의 독특 등이다. 다음은 구체적인 정보단서, 능력에 대한 믿음, 개인의 성향 등 세 가지 요인을 살펴보고자 한다.

① 구체적인 정보단서 : 과거 수행의 역사, 타인의 수행에 관한 정보, 수행의 일관성 등이 포함된다. 사회적 규준이나 타인의 수행이 능력에 대한 정보를 제공해 준다. 특정한 과제를 과거에서부터 계속해서 성공적으로 수행한 사람은 자신의 능력으로 귀인 시키지만 그렇지 않은 경우 능력이 아닌 다른 요인으로 귀인 시킨다.

② 능력에 대한 믿음 : 자신이 특정 과제를 수행하는데 능력이 있다고 믿으면 성공했을 때는 능력으로 귀인 시키고 실패를 했을 때에는 교사의 편견이나 검사의 불공평으로 귀인 시킨다. 그러나 자신을 능력이 없는 사람이라고 생각하면 성공은 운이 좋았거나 과제가 쉬었기 때문이라고 생각하며 실패는 무능력 때문이라고 생각한다(문경숙, 1991).

③ 개인의 성향 : 성취욕구가 높은 사람은 자신의 성공을 자신의 기술과 노력과 같은 내적 요인으로 귀인 시키고 어떤 일을 실패할 경우 그 원인을 능력 부족이 아니라 노력부족으로 귀인하고 노력을 계속한다.

성격심리학과 자아심리학

01 성격심리학

1) 개관

▌성격의 의미

애덤스(Adams)는 누군가가 '자신'에 관해 말할 때 자신의 특이한 행동과 사고, 장단점, 그리고 강점과 약점과 같은 모든 것을 말한다고 말했다. 여기에서 '자신'이라는 단어는 자신을 개체로서 타인과 구별되는 개인으로 정의 된다.

우리는 성격의 의미를 보다 더 명확하게 정의하기 위해 성격의 어원을 살펴볼 필요성이 있다. personality(성격)는 persona(페르조나－특이한 성격과는 다른 한 개인의 모습)라는 그리스어에서 유래되었다. 연극배우가 연극에서 사용하는 가면(mask)을 의미하는 것이다. persona라는 용어에서 per는 through(무엇을 통하여) 그리고 sonare는 speak(말하다)라는 의미이다. Persona는 연극배우가 가면을 쓰고 무대에서 연극하는 것처럼 사회 속에서 나타내는 사회적 이미지이다. 이러한 성격의 어원을 종합해 보면 성격이라는 것은 타인이 생각하는 자신의 모습으로 외부적으로 볼 수 있는 characteristic(특징)이라고 할 수 있다. 슐츠(Schultz)는 1990년도에 성격을 타인에게 나타내는 character(기질)이라고 볼 수 있다고 말했다.

그럼 우리가 성격이라는 용어를 사용할 때 어떤 의미인가? 성격이라는 것은 실제로 눈으로 볼 수 있는가? 우리는 타인이 우리에게 했던 행동만을 보면서 그 사람의 성격은 이렇다 저렇다 할 수 있을까? 그러나 우리는 타인이 우리에게 했던 행동뿐만 아니라 마음속에서 생각하는 다양한 특성에 대해서도 언급한다. 또한 성격은 우리 눈에 보이지는 않지만 타인이 우리에게 감추려고 하는 것과 마찬가지로, 우리가 다른 사람들에게 감추려고 하는 많은 주관적인 측면에 대한 사회적이고 정서적인 성질을 언급한다고 할 수 있다.

성격의 정의

다양한 환경에서 반응하는 개인의 특별한 행동 방식으로서 다른 사람과 차별되며 또한 특이하고 일관성 및 지속적이며, 안정적인 행동방식이다.

성격의 특징

① 행동의 독특성 : 한 개인이 타인과의 구별되는 독특한 행동이다

② 안정성과 일관성 : 성격은 시간과 공간 및 상황에 걸쳐 변화되는 것이 아니라 어느 정도 안정적이며 지속적으로 나타난다. 즉 다양한 환경에서 안정적이며 일관성 있게 나타나는 행동 및 사고양식이다.

02 성격이론의 변천

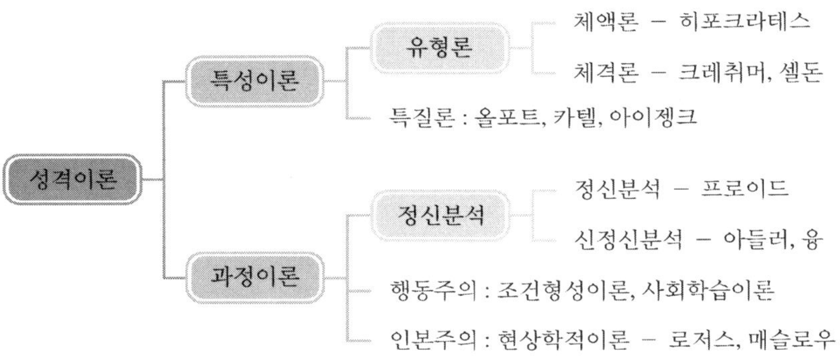

1) 특성이론

유형론(typology)

① 히포크라테스(Hippocrates)의 체액론 : 구분하고, 이 중 어느 체액이 신체 내에서 우세한가에 따라 성격이 결정된다고 주장한다.

- 혈액이 우세 → 낙천적, 다혈질
- 흑담즙 우세 → 우울
- 황담즙 우세 → 흥분, 인내력 부족

- 점액질 우세 → 침착, 냉담

② 크래츠머(Kretschemer)의 체격론 : 체형에 따라 사람을 쇠약형, 비만형, 투사형, 이상발육형의 네 범주로 나누고 각 체형에 따라 성격이 결정된다고 주장한다.

- 쇠약형 : 가냘프고 마른 사람으로 정신분열증에 걸릴 성향이 높다.
- 비만형 : 둥글고 땅딸한 사람으로 조울증에 걸릴 성향이 높다.
- 투사형 : 강하고 근육이 발달된 사람으로 조울증보다 정신분열증의 성향이 다소 높다.
- 이상발육형 : 신체발달에 균형이 잡히지 않은 사람으로 투사형과 유사한 성향을 보인다.

③ 셀돈(Sheldon) : Kretschemer의 연구를 더욱 발전시켜 개인은 내배엽형, 중배엽형, 외배엽형의 세 가지 차원에서 개인의 점수를 평정하여 유형화시킬 수 있다고 주장한다.

- 내배엽형 : 내장구조들이 고도로 발달된 사람들로 수줍어하고 내성적인 기질을 가진다.
- 중배엽형 : 근육이 우세한 사람들로 활동적, 자기주장적, 정력적인 기질을 가진다.
- 외배엽형 : 근육이 섬세하고 약한 사람들로 편안함을 즐기며, 사교적인 기질을 가진다.

특질론(Trait theory)

특질 혹은 특성(trait)이론은 어떤 개인도 타인과 완전히 같은 성격을 소유할 수 없다는 가정에 기초한다. 특질은 선천적으로 또는 후천적으로 획득될 수 있다. 개인이 타인과 나름대로 독특한 성격을 가지고 있으며, 개인이 사회생활에서 대인관계를 형성하는데 필요한 공통 특성과 개인의 독특함을 나타내는 개별특성으로 구분된다.

① 카텔(Cattell)의 특질론 : 타인을 비방하기, 욕하기, 불평불만, 타인에 대한 공격성 등인 표면적 특질과 표면적인 행동의 결정원인이 되는 기저변인인 원천특질로 결정된다고 주장한다.

- 표면특질(surface trait) : 인간이 보이는 다양한 행동 중에서 각기 서로 관련되어 있다고 여겨지는 일련의 행동을 묶어 놓은 것이다.
  - 친절성 특질 : 미소를 짓는 행동, 인사를 하는 행동 등

- 공격성 특질 : 타인 비방행동, 얼굴을 찌푸리는 행동 등

- 원천특질(source traits) : 성격의 핵심을 이루는 것으로 개인의 행동, 생각, 정서에 영향을 주어 행동의 일관성을 결정 지는 역할을 한다.

② 올포드(Allport)의 특질론 : 특질은 개인적 성향을 다양한 다른 자극이나 환경에 대해 비슷한 방법으로 응답하도록 만드는 본질로서, 개인의 생각, 기분 및 행동을 결정하는 중요한 역할을 한다고 주장한다. 그는 공통특질(common traits)과 개별특질(individual traits)로 구분하였고 개인적 성향에 따라서 기본특질(cardinal trait), 중심특질(central trait), 이차적 특질(secondary disposition)로 구분하였다.

- 기본 특질(cardinal trait) : 한 개인의 행동 전반에 영향을 미치는 영향력이 매우 큰 것이다. 이러한 기본특질의 통제를 받는 사람은 흡사 기본특질의 종속 되어있는 것처럼 생각되어진다. 예를 들면, 세상에는 돈이 최고라고 생각하고 돈을 모으는 일에 최선을 다는 사람이라든지, 남을 복종시키거나 지배할 수 있는 힘을 가지기 위해서 애쓰는 사람들은 기본특질을 소유한 사람들인데, 이러한 열정적인 기본 특질은 소수의 사람들만이 가지게 된다고 한다.
- 중심특질(central trait) : 개인의 일상생활에서 대부분을 지배하는 것을 의미한다. 예를 들면, 어떤 사람을 말할 때 그 사람의 중심이 대해 이야기하는 것이다. 즉 그는 약속 시간을 지키고, 그이 말은 믿을 수 있고, 사리가 분명하다 말할 때 이는 중심특질에 해당한다.
- 이차적 특질(secondary) : 중심특질보다 덜 보편적이고 덜 일관적인 영향을 미치는 것으로, 예를 들어 한 개인이 좋아하는 음식 스타일, 영화장르 등 바로 이차적 특질에 해당한다.

③ 아이젱크(Eysenk) 특질론 : 소수의 성격차원만이 존재하며, 개인은 이러한 차원들에서 정도의 차이에 의해 독특한 특질을 소유하게 된다고 주장한다. 요인분석을 통하여 세 가지 성격 차원들을 발견하였는데 초기에는 외향성－내향성(extroversion-introversion) 차원과 안정성－불안정성(stability-instability) 차원 또는 신경증적 경향성(neuroticism) 차원이라고 불리는 두 개의 차원을 발견하였고, 그 후에 정신병적 경향성(psychoticism) 차원을 첨가한다.

- 외향성 – 내향성 : 뇌의 각성 수준과 관련되어 있는데, 외향성인 사람들의 성격 특성으로는 사교적, 능동적, 자기 주장적, 충동적이고 격동적이며 사교적인 특성들이 나타나는 반면, 내향성인 사람들은 수줍어하고 관심이 한정되어 있으며 내성적이고 과묵한 성격특성들을 보인다고 한다.
- 신경증적 경향성 : 정서적인 안정성과 관련이 있는 차원으로 신경증적인 경향성이 높을수록 신경질적이고, 정서적으로 안정되지 못하고 부적절하고 예민하여 사소한 일에도 지나치게 근심을 하는 경향이 있다. 반면에 신경증적인 경향성이 낮으면 평온하고, 이완되어 있으며 감정에 치우치지 않고 강건하며 자기만족적이다.
- 정신병적 경향성 : 정신병적 경향성이 높을수록 타인을 배려하지 않고, 이기적으로 행동하며 공격적이고, 냉정하고, 충동적으로 행동하고 자제할 줄 모르는 행동 경향성을 보인다고 한다.

2) 과정이론

특성이론은 사람의 성격이 어떻게 형성되는 과정을 나타낸다.

Freud의 정신분석이론

정신분석이론은 인간의 현재 행동은 그 사람의 과거 어렸을 때의 경험 주로 초기 아동기경험, 무의식적 동기와 갈등, 성적 및 공격적 충동이라는 개념을 가지고 인간의 성격, 동기 및 심리장애를 설명하고 생후 약 5년간의 경험이 현재의 인간행동 및 성격을 결정한다는 결정론적 관점을 가지고 있다. 상담자는 내담자의 무의식적인 현재의 행동에 영향을 주고 있는 과거의 경험과 갈등(예, 결정론)을 다양한 방법(예, 자유연상, 꿈의 해석)으로 의식화하고, 통찰하게 하는 것을 상담목표(예, 무의식을 의식화)로 삼는다.

① 성격구조 : Freud는 성격을 세 가지 요소(원초아, 초자아, 자아) 중 개인의 행동은 어느 요소가 지배를 더 많이 하고 있는가에 따라 인간의 행동이 결정된다고 했다.

- 원초아(id) : 원초아란 라틴어로 '그것'이라고 한다. 본능의 욕구를 충족시키려고 작용하는 요소이며, 쾌락의 원칙에 따른다. 원초아(이드)

는 생물학적 충동을 지연시키지 않고 즉각적으로 만족시키려고 하는 쾌락원리(pleasure principle)에 지배되며, 일차과정으로 원시적, 비논리적, 비합리적, 환상지향적인 특성을 가진다.

- 자아(ego) : 현실원리(reality principle)에 따라 작동하는 성격의 의사결정 요소로 즉각적인 만족을 추구하려는 이드와 현실을 중재하는 역할을 한다. 즉, 자아는 사회규범, 규칙, 관습과 같은 사회적 현실을 고려해서 행동을 결정한다. 이드가 힘이 좋은 말이라면 자아는 말의 진행방향과 속도를 결정하는 마부와 같은 역할을 한다(Freud, 1923). 자아는 이드의 욕구를 최대한 만족시켜주려고 노력하고 이차과정으로 합리적이고 현실적이어서 문제 해결적인 사고를 한다.
- 초자아(superego) : 자아가 현실을 고려하는데 비해 초자아는 무엇이 옳고 그른가에 대한 사회적 기준을 통합하는 성격의 요소이다. 대부분의 사람들은 아동기를 통해 부모의 가치관, 선과 악, 도덕과 같은 사회적 규범을 내면화시킨다. 초자아는 도덕성을 추구하나 이러한 요구가 지나치면 죄책감을 느끼게 된다.

② 인식의 수준 : Freud의 가장 위대한 공헌 중의 하나는 무의식이 행동에 미치는 영향을 밝힌 것이다. Freud는 정신분석을 통해서 환자가 이전에 의식하지 못했던 감정과 갈등을 발견하도록 도와주는 것이 일차적인 치료목표라고 주장한다.

- 의식(consciousness) : 자신이 특정 시점(주의를 기울이는 순간)에 인식하는 모든 것을 의미한다.
- 전의식(preconsciousness) : 자신이 주의를 집중하고 노력하면 쉽게 떠올릴 수 있는 정신 작용이다. 예를 들면, 어제 누구와 만났으며, 무엇을 먹었는지, 여자 친구와 무슨 영화를 봤는지 등은 쉽게 기억할 수 있는 내용이다.
- 무의식(unconsciousness) : 자신이 의식적 인식이 어려운 정신 작용이지만 행동에는 큰 영향력을 발휘하는 것이다.(사고, 기억, 욕구) 예를 들면, 어렸을 때 개에게 물린 경험이 있는 사람은 개를 무서워한다. 억압된 성적 욕구 등이 무의식에 속한다.

③ 리비도(libido) : 성적인 에너지. 프로이드는 인간의 행동은 내면에서 일어나는 갈등의 결과로서 원초아, 자아 및 초자아의 투쟁으로 일어나는 일상적인 과정이라고 하였으며 이중에서 성적인 욕구나 공격충동에 대한 갈등은 더 강력하다고 보았다.

④ 방어기제(mechanism of defense) : 방어기제란 인간이 경험하는 다양한 불안에서 자아(ego)를 보호하려는 심리적 기제이다. 일반적으로 방어기제는 부적응적인 것이라거나 없어져야 할 것으로 알려져 있는데 사실은 인간의 심리적 생존에 중요한 역할을 하고 있는 경우도 많으며 인간발달에 필요한 기제이기도 하다. 따라서 상담자는 내담자가 방어기제에 대해 통찰할 수 있도록 함으로써 자신의 불안 및 우울에 직면하여 새롭게 처리하는 대안적이며, 적응적인 방식을 채택하도록 도울 수 있다. 이러한 방어기제는 프로이트 이후 안나프로이드에 의해 많이 정리되었으며, 이후에도 많은 정신분석이론가들이 첨삭해왔다. 그 구체적인 종류는 다음과 같다. 수많이 제시된 방어기제를 성격의 성숙도에 의해 다음과 같이 6개 집단을 나누어 제시한다.

- 높은 적응 수준(성숙성 방어) : 승화, 이타주의, 유머, 억제, 기대
- 정신적 억제수준(신경증성 방어) : 억압, 전치, 주지화, 복구, 반동형성, 감정의 분리
- 가벼운 이미지 왜곡 수준 : 평가절하, 이상화, 전능감
- 부인 수준 : 부인, 투사, 합리화
- 주요 이미지 왜곡 수준 : 자폐적 공상, 투사적 동일시, 자신이나 타인에 대한 이미지의 분열
- 행동 수준 : 행동화, 수동공격성

높은 적응수준

서로 갈등하는 욕구들 사이에 균형 상태를 유지하며, 한 개인의 만족을 극대화하고 방어기제를 사용하는 자신의 감정, 생각 및 방어기제를 사용함으로써 초래되는 결과에 대해 의식적으로 알 수 있는 경우가 많다.

① 이타주의 : 감정적 갈등이나 내외적인 스트레스를 처리하기 위해 먼저 타인의 욕구에 맞게 헌신한다. 반동형성과는 달리 타인이 만족하는 것을 보면서 진심으로 만족한다.

② 유머 : 갈등이나 스트레스 요인의 유쾌한 측면이나 역설적인 측면을 강조함으로써 감정적 갈등이나 내외적인 스트레스를 처리한다.

③ 승화 : 잠재적으로 부적응적인 감정이나 충동을 사회적으로 용납될 수 있는 행동으로 변형시켜 표현함으로써 감정적 갈등이나 내외적인 스트레스를 처리한다.

④ 억제 : 괴롭히는 문제나 욕구, 감정 또는 경험들을 의식적으로 생각하지 않는 것으로 감정적 갈등이나 내외적인 스트레스를 처리한다. 무의식적으로 생각하지 않는 억압과는 구별된다.

정신적 억제수준

① 전치 : 한 대상에 대한 느낌이나 반응을 다른 대치대상(일반적으로 덜 위협적인 대상)에 전치함으로써 감정적 갈등이나 내외적인 스트레스를 처리한다.

② 감정의 분리 : 원래는 감정과 연합되어 있던 생각을 분리시킴으로써 감정적 갈등이나 내면과 환경적인 스트레스를 처리한다.

③ 주지화 : 불편한 감정을 조절하거나 최소화하기 위해 지나치게 추상적으로 사고하거나 일반화함으로써 감정적 갈등이나 내외적인 스트레스를 처리하는 방어기제이다.

④ 반동형성 : 용납할 수 없는 생각이나 감정을 감추고 정반대의 행동이나 생각, 감정들로 대치함으로써 감정적 갈등이나 내외적인 스트레스를 처리하는 것이다.

⑤ 억압 : 괴롭히는 욕구나 생각 또는 경험을 의식 밖으로 몰아냄으로써 감정적 갈등이나 내외적인 스트레스를 처리한다. 억제가 의식적인 과정인 반면, 억압은 무의식적인 과정이다.

⑥ 복구 : 용납될 수 없는 생각, 감정, 또는 행동을 무효화하거나 상징적으로 수정하려는 말이나 행동을 통해 감정적 갈등이나 스트레스를 처리한다.

가벼운 이미지 왜곡 수준

이 수준의 방어기제는 자신의 자긍심을 유지하기 위해 자기(self)와 신체, 그리고 타인에 대한 이미지를 왜곡하는 것을 의미한다.

① 평가절하 : 과장되게 부정적인 것들을 자신이나 타인 탓으로 돌림으로써 감정적 갈등이나 내외적인 스트레스를 처리한다.

② 이상화 : 긍정적인 점들을 과장해서 타인에게 돌림으로써 감정적 갈등이나 내외적인 스트레스를 처리한다.

③ 전능감 : 개인은 자신이 특별함 힘과 능력을 지니고 있고, 따라서 타인보다 우월하다고 느끼고 행동함으로써 감정적 갈등이나 스트레스를 처리한다.

부인 수준

이 수준의 방어기제는 외적인 요인에 대해 잘못을 탓하건 하지 않건 불쾌하고 받아들일 수 없는 스트레스 요인, 충동, 생각, 감정 또는 책임 등을 의식하지 못하게 하는 것을 의미한다.

① 부인 : 타인에게도 분명하게 비치는 외부 현실 및 주관적인 경험의 고통스러운 면을 인식하기를 거부함으로써 감정적 갈등이나 내외적인 스트레스를 처리한다.

② 투사 : 개인이 용납할 수 없는 자신의 감정이나 충동, 사고 등을 부당하게 타인의 탓으로 돌림으로써 감정적 갈등이나 내외적인 스트레스를 처리한다.

③ 합리화 : 자신을 위로하거나 자위하려고 설명하는 과정에 올바르지 못하게 설명하여 자신의 생각이나 행동 또는 감정의 진실한 동기를 숨김으로써 감정적 갈등이나 내외적인 스트레스를 처리한다.

주요 이미지 왜곡 수준

이 수준의 방어기제는 자신이나 다른 사람의 이미지를 전반적으로 왜곡시키거나 잘못 지각하는 것을 의미한다.

① 자폐적 공상 : 인간관계나 문제해결 과정에 과도한 백일몽을 사용함으로써 감정적 갈등이나 내외적인 스트레스를 처리한다.

② 투사적 동일시 : 용납할 수 없는 감정이나 충동, 그리고 생각들을 부당하게 남의 탓으로 돌림으로써 감정적 갈등이나 내외적인 스트레스를 처리한다. 처음에 타인들에게 있었다고 잘못 믿었던 바로 그러한 감정이 타인들에게 일어나도록 자극하고 조종함으로써 처음에 누군가 누구에게 무엇을 했는지 밝히기 어렵게 만드는 경우가 많다.

③ 자신이나 타인에 대한 이미지의 분열 : 자신이나 타인에 대해 통합되고 조화된 관점보다는 양극단에서 왔다 갔다 한다는 것을 의미한다.

행동 수준

이 수준의 방어기제는 내적 또는 외적인 스트레스 요인을 행동화나 철회를 통해 다루는 것을 의미한다.

① 행동화 : 행동화는 반성이나 느끼기보다는 행동으로 대응함으로써 감정적 갈등이나 내외적인 스트레스를 처리하는 기제를 의미한다.

② 수동공격성 : 타인에게 간접적이거나 비공격적으로 공격성을 표현함으로써 감정적 갈등이나 내외적인 스트레스를 처리한다. 이는 자신의 주장을 공공연히 표현할 수 없는 종속적인 위치에 있는 사람에게는 적응적인 표현방법일 수 있다.

3) 심리성적 발달단계

① Freud[4]는 사람의 성격이 만 5세경에 이미 완성된다고 주장하였으며 이에 근거해서 발달이론을 제안한다.

② Freud의 발달이론을 심리성적 단계이론이라고 한다. 그 이유는 발달단계별로 나타나는 특징적인 성적발달 특징이 이후의 성격에 영향을 미친다고 보기 때문이다.

③ Freud는 각 발달단계마다 특별한 발달 목표가 있어, 이러한 목표를 해결하는 과정에서 성격을 형성된다. 그러나 이 과정의 목표를 해결하지 못해 생기는 것이 고착(fixation)이다.

④ 고착이란 한 단계에서 다음 단계로 진행하지 못하는 것을 말하는 것을 의미한다. 또한 발달단계에서 욕구가 지나치게 만족되거나 좌절될 때 고착이 일어난다고 한다.

---

4) Freud의 이론의 공헌점 살펴보면 프로이드의 이론은 아동기의 초기 경험이 매우 중요함으로써 어렸을 때 교육이 중요성을 일깨워 주었다. 또한 우리가 현재 행동하는 것은 무의식에서 기인함을 강조하여 성격 연구의 새로운 장을 보여주었다. 반면 비판하는 관점에서 보면 인간을 성과 과거 경험을 통해서 지배되는 수동적 존재로 인식하였다.

발달단계	발달특징	성격특징
구강기 (0~1세) oral stage	맛보기, 핥기, 깨물기, 빨기, 삼키는 행위를 통해 성욕을 충족	구강 고착적 성격 : 과도한 흡연, 음주, 타인에 대한 의존성, 타인에 대한 비난, 분노
항문기 (1~3세) anal stage	배설훈련을 통한 자아형성, 능동적 대인관계, 외부통제	잔인함, 파괴적, 폭발적, 고집셈, 인색함, 복종적, 결백증, 지저분함, 난폭함, 적개심
남근기 (3~6세) phallic stage	성적욕망 자각, 자기 성애적, 이성부모를 사랑 (오이디푸스 콤플렉스[5])/ 엘렉트라 콤플렉스[6]), 동일시 현상, 초자아 발생	성 불감증, 동성애, 출세욕, 정서적 혼란, 신경성 질환
잠복기 (6~12세) latent stage	성적 갈등 없는 심리적 휴식기, 지적관심, 자아대처기술 발달	성격 유형이 발생하지 않음
생식기 (13세 이후) genital stage	이성에 찾음, 성인적 책임감, 상호적인 성적 만족 추구	이타적 성격, 타인에 관심, 의존적, 반사회적

- 구강기 : 생후 18개월, 이 기간 동안에는 유아가 세상과 상호작용하는 것은 대부분 입으로 하는 것으로 예를 들면 깨물기나 빨기와 같은 구강욕구를 충족시키고, 본능이 지배하는 시기이며, 어머니와 관계가 매우 중요하다. 또한 수동적 인관관계가 특징으로 나타난다. Freud에 따르면 구강기에 고착 성격은 음식에 대한 지나친 집착, 흡연습관과 음주, 타인에 대한 의존성 같은 행동으로 발전할 수 있다.
- 항문기 : 약 18개월~3세까지 지속된다. 이 시기에는 항문이 핵심적 성감대이면서 배설 시 성적 쾌감을 경험하는 시기이다. 이 시기의 주요한 사건은 배변 훈련의 시작이다. 유아는 배변훈련을 통해 자아형성, 능동적 인간관계 및 상호관계, 외부적 통제를 처음으로 경험하게 되는데 용변훈련이 지나치게 엄격하면 인색, 소극적 성격, 강

5) 오이디푸스 콤플렉스 : 엄마를 차지하고 아버지를 대신하려는 소년 쪽에서의 욕망
6) 엘렉트라 콤플렉스 : 소녀에게서는 이에 비견할 말한 감정

박, 청결 등과 같은 성격을 가지게 된다. 반대로 너무 관대하면 파괴적이며 폭발적이고 잔인한 성격으로 발달할 수 있다.

- 남근기 : 3～6세 경, 이 기간 동안에는 리비도(성적에너지) 흥분의 초점은 생식기관으로 옮겨진다. 대부분의 아동은 생식기를 통해 쾌감을 추구하고, 남자아이들은 어머니에게 성적인 애정을 느끼는 오이디푸스 컴플레스(Oedipus complex)가 나타난다. 엄마를 차지하고 아버지를 대신하려는 아동은 아버지가 그이 성적 욕망의 원천을 제거하려고 자신을 거세할지 모른다고 불안해한다. 이를 프로이드는 거세불안(Castration anxiety)이라고 명명했다. 이런 거세 불안은 또한 소년을 아버지와 동일시(Identification)하게 만든다. 반면 여아의 경우는 남근기의 갈등이 더욱 복잡하다. 여아들은 처음에는 엄마를 좋아하나 곧 자기는 남근이 없음을 알게 되어 이를 부러워한다. 이를 남근 선망(Penis envy)이라고 프로이든 말했다. 이때 성격 고착 현상으로는 성 불감증, 동성애 등 신경질 질환을 유발할 수 있다.
- 잠복기 : 6～12세 경, 남근기가 끝나면 아동은 잠복기(Latency Period)라 불리며, 이 시기의 아동은 성적충동을 억압하고 비교적 고요한 시기를 보낸다. 이 시기에 아동은 가족에서 벗어나 학교에서 새로운 문제 해결 능력을 배우고 사회적 접촉을 확대하여 지적인 사회적인 성질을 지닌 것을 추구하면서 사회적 가치를 내면화하여 자아와 초자아를 더욱 성장시킨다.
- 생식기 : 12세 이후 사춘기, 이 시기에서는 이성에 대한 성적 흥미가 생기고 책임감이 발달한다. 가정에서부터 독립하려는 욕구가 생기며 자신이 사랑하는 진정한 이성을 찾게 된다. 이 시기를 순조롭게 발달한 사람은 타인에 대한 관심과 상호협력적인 태도를 가지게 되면서 이타적인 성격이 된다.

4) 신 정신분석

칼 구스타프 융(Carl Gustav Jung ; 1875~1961)의 분석심리학

▌정신의 구조

융의 정신의 세 수준은 의식, 개인무의식, 집단무의식으로 나누었다.

▌마음의 구조

마음의 구조 ▶

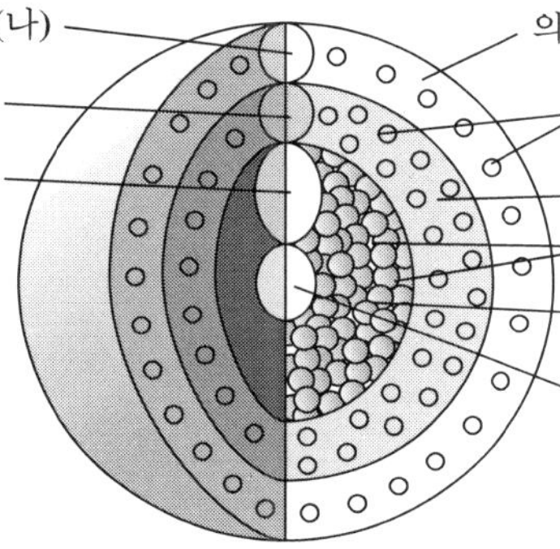

▌의식

"아이는 본래 무의식적이고 동물적인 상황에서 의식으로 발달한다. 처음은 원시적이었다가 그러고 나서 천천히 문명화되는 것이다"

의식은 우리가 직접적으로 우리의 정신세계 또는 마음을 알 수 있는 유일한 부분이고 매일의 삶을 영위해 가는데 중심적인 역할을 담당한다. 이때 의식이 제 역할을 할 수 있도록 안내해 주는 것이 자아(ego)이다. 의식한다는 것은 알고 있다는 것과 같은 의미를 지닌다고 볼 때, 지금 나에게 일어나는 일들을 의식하도록 또는 알도록 해주는 역할을 자아가 담당한다는 것은 자아가 바로 의식의 중심에 자리하고 있다는 의미가 된다.

▌개인무의식

융은 무의식이 전 인성으로 향해 움직이는데 필요한 주된 자원을 제공한다고 믿었다. 이러한 무의식은 주로 상징을 통해서 표현된다. 프로이드의 견해와는 반대로, 그는 무의식을 선하게도 악하게도 사용될 수 있는 '창조성의 위대한 저장고'로써 이해했다. 개체화 과정이 일어나기 전에는 그

림자, 아니마, 자기는 모두 무의식적인 존재이다. 그들을 의식세계로 가져올 때, 그리고 개인의 자기 지각이 성장할 때, 그들은 인성의 차원을 풍부히 할 수 있다.

융은 프로이드와 달리, 무의식을 개인 무의식과 집단 무의식으로 구분한다. 두 가지 주요 범주는 첫째, 망각되거나 억압되었기 때문에 그 강도를 상실한 물질이 있다. 둘째, 의식에 이를 만큼 충분한 강도를 결코 지니고 있진 않지만 감각－인상처럼 정신에 진입한 물질이다. 개인무의식의 내용이 특이한 것은 전혀 없으며, 마찬가지로 그 내용은 매우 의식적일 수 있다. 사람들은 개인무의식의 내용에 대한 입장은 다르다. 다른 사람이 의식하지 않는 사물을 어떤 사람이 의식하는 것과 같은 것이다. 콤플렉스는 개인무의식의 중요한 특징이라고 했다.

집단무의식

프로이드는 무의식을 억압된 것들의 저장고로 보았으나, 융은 무의식의 보다 깊은 층들은 의식으로부터 멀어질수록 그 독특성을 상실한다고 생각했다. 가장 깊은 수준에 있는 무의식은 그 내용이 전 인류에게 해당되는 집단적이며 보편적이며 역사적인 하나의 방대한 창고이다. 개인무의식의 내용은 그 존재가 개인적 경험에 기인하는 반면, 집단무의식의 내용은 결코 의식화된 적이 없으며, 그 존재는 유전에 기인하고 있다. 원형은 이런 의미에서 우리가 모르고 있는 우리 자신의 정신세계를 파악하는데 결정적인 단서를 제공하는 역할을 한다고 할 수 있다.

원형(Archetypes)은 표상(representation)을 위해 태어난 가능성 혹은 패턴이다. 원형은 정신활동을 위한 본능적 패턴을 제공한다. 상징은 그것에 의해 원형이 표상되는 이미지이다. 성격발달 형성에 중요한 원형들은 페르소나, 아니마, 아니무스, 그림자, 자기가 있다.

① 페르소나(persona) : 개인의 적응기제 혹은 세계에 대한 대처방식이며, 외적태도인 것이다. 예를 들면 개인들은 직장과 집에서 각각 다른 가면을 쓰듯 하나 이상의 페르소나를 가지고 있다. 페르소나에 과도하게 집착하게 되면, 사회적 역할과의 동일시는 종종 신경증의 원인이 된다. 그리고 사람들은 자신들의 무의식으로부터 샘솟듯 분출하는 '주체'인 흥분, 느낌, 사고, 감각으로부터 멀어질 수 있다.

② 아니마와 아니무스(anima and animus) : 사람들은 심리학적 양성애

적이다. 아니마는 남성의 무의식 속에 있는 여성적 속성의 화신이며, 아니무스는 여성의 무의식 속에 있는 남성적 속성의 화신이다. 융은 "아니마가 분위기를 만드는 것과 마찬가지로 아니무스는 견해를 만들며, 남성의 분위기들이 그림자가 드리워진 배경에서 나오는 것과 마찬가지로 여성의 견해들도 과거의 무의식적 가정들에 의존한다." 이는 남녀 모두 자신의 성격에 대한 반대성의 특징을 인정하고 그 특징을 적절히 표현하는 것을 배워야 하며, 그 특징을 타인에게 잘못 투사하는 것은 피해야 한다.

③ 그림자(shadow) : 그림자의 원형은 인류의 동물조상의 영역을 반영하며, 그렇기 때문에 모든 무의식의 역사적 측면을 구성한다. 융은 그림자 보다 어두운 면을 강조했지만 그림자는 또한 정상적 본능, 적절한 반응, 현실적 통찰, 창의적 충동과 같은 일부 좋은 특성도 보여준다는 것을 인정했다. 예를 들면, 정의를 주장하는 사람이 부정의 수렁에 자기도 모르게 빠지고, 도덕적 결백을 신조로 하는 이가 성적 추문을 일으키고, 자유와 고매한 정신을 지향하는 지식인이 권력과 굴욕에 눈이 어두워져 손가락질을 받는 경우를 들 수 있다.

④ 자기(self) : 자기는 중심적 원형이자 질서의 원형이다. 자기는 에고보다는 상위의 구성이다. 자기에 대한 개념은 과학적으로 입증할 수 있는 것은 아니고, 단지 우리의 의식보다 위에 존재하고 있는 어떤 실재를 경험적으로 제시할 뿐이라고 융은 말한다.

5) Adler의 개인심리학

① Jung과 마찬가지로 Freud가 지나치게 성을 강조한다고 비난하고, 동기의 근원은 성이 아니라 우월성 추구라고 말한다.

② 인간은 열등감을 극복을 통해 보상을 받으려고 한다. Adler는 "To be a human being means to feel oneself inferior"(인간이 존재하는 것은 자신의 열등함을 느끼는 것을 의미한다)라고 말했다. 또한 Adler는 열등감을 보상은 결국 우월성의 추구로 연결하였다. 여기에서 우월성 추구란 열등감을 극복하는 소극적인 단계를 넘어서 보다 적극적으로 자기 자신을 향상시키며 도전을 이겨내는 욕구라고 한다. 우월성의 본질을 5가지로 정의할 수 있다. 첫째는 개인의 기본

동기이다. 두 번째는 모든 인간이 공통적으로 가지고 있다. 세 번째는 우월은 부정적인 것, 긍정적인 것을 내포하고 있다. 네 번째는 우월의 완성은 상당한 노력이 요구된다. 다섯 번째는 개인과 사회라는 두 가지 수준이 있으며 개인은 개인과 사회 일원의 완성을 위해서 노력한다.

③ Adler는 열등감이 넘치면 정상적인 범위를 벗어난 우월성 추구를 하게 되고 이로 인해 성격장애를 일으킬 수 있다고 한다.

④ Adler는 성격을 네 가지 유형으로 구별한다.
첫째는 지배형으로 공격적이고 주장적형, 두 번째는 획득형 타인에 의존하며 욕구를 충족하는 형, 세 번째는 회피형으로 인생의 모든 문제를 회피함으로써 자신의 실패 가능성도 모면하려는 형, 네 번째는 사회형으로 심리적으로 가장 건강한 상태이며, 자신의 욕구를 사회적의 관점에서 완성하려고 노력하는 것은 물론이고 타인의 복지를 위해서 협력하려는 형이다.

6) 행동주의 이론

Skinner의 조건형성

① Skinner의 행동주의적 학습이론은 프로이트의 정신분석에 반대되는 관점을 내세우며 성격이론의 확대에 영향을 미친다.

② 인간행동이 내적 충동보다는 외적 자극에 의해서 동기화 된다.

③ Skinner는 인간은 기계적 존재라고 생각하며 인간행동은 법칙적으로 결정되고, 예측이 가능하며, 통제될 수 있다고 생각한다.

④ Skinner가 가장 중요하게 생각하는 것은 행동을 이해하고 경험적인 접근 방법이다.

⑤ Skinner의 주요개념

- 반응적 행동 : 구체적 자극에 의해 유발되는 구체적 행동이다.
- 조작적 행동 : 환경을 조작해서 어떤 결과를 낳게 되는 행동이다.
- 변별 자극 : 어떤 반응이 보상되거나 보상되지 않을 것이라는 단서 혹은 신호로 작용하는 자극이다.

⑥ 강화와 처벌 : 특정 행동에 뒤따르는 결과로 행동재현 가능성을 높여주는 것은 강화이며, 가능성을 낮추는 것은 처벌이다.

- 강화물[7)]: 만족스러운 일의 상태. 이전 행동을 하는 경향성을 강화하는 것이다.
- 처벌 : 유쾌하지 않은 결과. 그전에 나타나는 행동 경향성을 줄이는 것이다.
  - 긍정적 강화 – 결과(칭찬, 용돈)를 제시함으로써 행동의 발생가능성을 증대
  - 부정적 강화 – 결과(숙제, 청소)를 철회함으로써 행동의 발생가능성을 증대
  - 긍정적 처벌 – 결과(야단, 체벌)를 제시함으로써 행동의 발생가능성을 감소
  - 부정적 처벌 – 결과(관심, 상여금)를 철회함으로써 행동의 발생가능성을 감소
- 행동형성 : 복잡한 행동이나 기술을 학습시키는 과정이다.

⑦ Skinner의 성격의 발달 : 행동주의적 학습이론은 인간의 성격과 행동을 형성하는 데 환경의 역할을 강조한다. 건전한 성격은 자극의 일반화(generalization)와 변별(discrimination)능력이 적절하게 발달된 결과라고 주장하였다(가정에서 예절바른 태도를 학습할 때 보상이 주어진 아동은 가정 밖의 비슷한 상황에서도 예절바르게 행동한다). 변별할 수 있는 능력의 개인차는 개인마다 독특한 차별적 강화 경험에 의해 좌우된다(Skinner<<월든 투>> – 행동주의적 원리를 적용시킨 이상적 공동사회를 그린 소설이다).

사회인지이론(Bandura)

사회인지 이론은 개인의 사고와 행동방식에 대한 사회적 기여와 원인, 정서, 행동에 대한 인지과정의 중요성을 수용하는 것이다. 성격을 결정하는 중요 요인을 사회적 요소로 보는 이론으로 반두라는 사회적 학습개념은 타인에 대한 행동을 관찰하고 모방한 결과라고 인식하였다.

① 주요 개념

- 모방 : 모방은 타인의 행동을 보면서 따라서 하는 것이다. 타인이 공격적, 이타적, 불쾌감 등 부정적인 행동을 보면서 학습한다. 반두라

7) 일차적 강화물은 생물적 욕구를 줄여 주고 이차적 강화물은 일차적 강화물과의 연합이나 일차적 강화물을 얻는데 사용될 수 있다는 사실 때문에 강화하는 속성을 가진다.

의 실험적 연구에 따르면 아동은 ① 위대하다고 생각하는 사람의 행동을 위대하다고 생각하지 않는 사람의 행동보다 더 잘 모방하며 ② 자기와 동성인 모델의 행동을 이성인 모델의 행동보다 더 잘 모방하며 ③ 돈, 명성, 높은 사회경제적 지위 등을 지닌 모델을 더 잘 모방하고 ④ 벌을 받은 모델을 거의 모방하지 않으며 ⑤ 연령이나 지위에서 자기와 비슷한 모델을 상이한 모델보다 더 잘 모방한다.

- 인지 : 사회적 학습은 주로 인지적 활동이다. 인간은 심상, 사고, 계획 등이 가능한 생각하고 인식하는 존재이므로 장래를 계획하고, 내적표준에 근거해 자신의 행동을 조정하며, 자기 행동의 결과를 예측할 수 있다. 따라서 학습된 반응을 수행할 의지는 인지적 통제 하에 있는 것이다.

② 인간의 힘(human agency)

- Bandura는 인간의 힘은 자신의 생각과정, 원인, 행동에 대한 자기통제를 통해서 자기방향을 행사하는 힘이다. 인간의 힘의 세 가지 주요 개념은 첫째 자율적 힘(autonomous agency), 두 번째는 기계적 힘(mechanical agency), 마지막으로는 새로운 상호작용적인 힘(emergent interactive agnecy)으로써 이는 사회인지이론의 근간이다. 이중에 Bandura는 사람의 성격이 학습되는 것은 환경에 대한 정보를 찾고 처리하는 능동적 존재이기에 상호결정론을 주장했다.
- 상호결정론이란 환경이 행동을 결정하지만 행동도 역시 환경을 결정한다는 것이다. 즉, 내적인 심리적 요인과 외적인 환경요인 및 외현적 행동이 서로 영향을 주고받는다는 입장이다.

③ 관찰학습(observational learning)

- 관찰학습이란 모델이 되는 사람을 관찰하고 행동을 모방함으로써 새로운 행동을 습득하는 것을 말한다.
- Bandura에 따르면 다른 사람의 조건형성과정을 관찰하기만 하여도 대리적으로 조건형성(vicarious conditional) 될 수 있다.
- 개인의 특징적인 행동유형도 모델의 영향을 받는다고 본다. 따라서 모든 사람이 모델역할을 할 수 있다.
- 자기효능감(self-efficacy)
  - 자기효능감(self-efficacy)이란 자신의 수행능력에 대한 자신감의 정도를 의미함으로 자신의 어떤 행동이 기대한 결과를 얻을 수 있

다는 능력에 대한 확신을 말한다.

- 반복적으로 학습하는 것은 개인이 기대하는 성과를 변화시킴으로써 자기 효능감을 증가시킬 수 있다. 반두라는 규모, 보편성, 강도는 효능기대의 중요한 세 차원이다(Bandura, 1977)라고 했다. 예를 들면 어려운 과제보다는 쉬운 과제에서 잘 수행해낼 수 있다는 자신감이 그것이다. 강한 효능감을 발달시키기 위한 주요한 방법 네 가지는 첫째 숙달 경험(mastery experiences), 둘째, 사회적 모델링(social modeling) 셋째, 사회적 설득(social persuasion) 넷째, 신체 및 정서 상태(phsical and emotional state)(Bandura, 1977, 2004)

7) 인본주의 이론

Rogers의 인간중심이론

인간은 외부현실 보다 내부적인 경험에 의해 행동을 지배한다.

① 자기(self)자신에 대해 갖고 있는 조직적이고 지속적인 인식한다.

② 자기개념(self-concept)이란 현재 자신이 어떤 존재인가에 대한 개인의 개념이고, 또한 자아의 독특하고 고유한 성질 및 전형적인 행동에 대한 자기 자신에 대한 자아상(self image)이다. Rogers는 자아개념을 현실자아(real self)와 이상적 자아(idea self)로 보았다. 현실자아는 현재 자신의 모습에 대한 인식이고, 이성적 자아는 앞으로 자신이 어떤 존재가 되어야 하며, 어떤 존재가 되기를 원하고 있는지에 대한 인식이다. Rogers에 따르면 자기개념은 의식 속에 잠재되어 있지 않고 자아개념을 스스로 인식한다.

③ 자기개념(self-concept)은 조직화 되고 일관된 지각의 형태를 가지고 있다.

④ 실현화 경향성

- 하나의 기본적인 동기 부여 욕구이다. 이것은 자신을 지속하고, 증대시키고, 재생산하는 방향으로 능력을 발전시키려는 유기체 안에 내재된 경향성을 나타내는 활동적인 과정이다. 기체가 가진 실현화 경향성(actualization tendency)은 타고난 것으로 개인이 가진 모든 생리적 및 심리적인 욕구와 관련된다. 따라서 실현화 경향성은 유기체를 유지하는데 기여한다. 또한 실현경향성은 기본적으로 긍정적이다.

- 실현화 경향성은 유기체를 보존하는 것 이상이다. 또한 유기체의 발달과 진화, 즉 발달을 조장하고 지지한다. 실현화란 개념은 유기체가 단순함에서 복잡한 실체로 발달해 나가고, 의존성에서 독립성으로, 고정성과 경직성에서 유연성과 융통성으로 변화하고자 하며, 자유롭게 표현하고자하는 유기체의 경향성을 나타낸다.
- 실현화 경향성은 사람이나 동물뿐만 아니라 모든 살아있는 것에서 볼 수 있다. 모든 생명을 묘사함에 있어, 로저스는 유기체가 극단적으로 적대적인 조건하에서 생존하게 할뿐만 아니라 적응하고, 발달하고, 성장하도록 하는 저항할 수 없는 힘의 존재에 대한 그의 믿음을 '생의 추진력'이라고 표현하였다.

⑤ 유기체적 평가과정

- 유기체적 평가과정의 개념은 실제의 개념 또는 사실이면서 독특한 자아의 중심이다. 한 사람의 유기체적 평가과정은 계속해서 경험에 중점을 두고 유기체를 만족시키는 경험의 능력적인 면에 가치를 두는 것과 관련이 있다. 예를 들면, 안전과 같은 경험을 선호하고 그렇지 않는 고통이나 배고픔 같은 것들은 거부하는 것이다.
- 나이가 들수록 사람들의 평가과정은 그들이 계속해서 그들 자신 안에 있는 경험들을 인지하고 지각할 수 있는 정도의 자아실현을 이룬다는 면에서 효과적이다.

⑥ 치료관계

- 내담자의 성장과 복원을 위한 6가지 필수적인 조건
  - 두 사람은 심리적 접촉이 필요하다.
  - 내담자는 부조화의 상태여야 하며 취약하거나 불안해야 한다.
  - 치료사는 관계에 있어서 적절하거나 통합적이어야 한다.
  - 치료사는 내담자를 위한 무조건적인 긍정적 존중해야 한다.
  - 치료사는 내담자의 내적인 준거의 틀의 공감적 이해와 이것을 가지고 내담자와 대화를 나눌 수 있는 노력을 경험해야 한다.
  - 치료사는 최소한 내담자와 공감적 이해 그리고 무조건적인 긍정적 존중을 성공적으로 전달할 수 있어야 한다.
- 일치성
  - 상대방 입자에서 생각하는 것으로 내 자신을 보고 내담자를 그대로 보려고 노력하는 과정이다.

- 무조건적인 긍정적 존중
  - 치료사는 내담자의 현재 상황에 대해 진실하게 돌봐준다는 것을 의미하며, 내담자에게 무조건적 긍정적 존중 혹은 수용을 제공할 때 내담자가 스스로 자아 탐색을 할 수 있게 된다.
- 공감
  - 치료사는 자신을 내담자와 일치시키는 과정이다.
  - 치료사는 내담자의 자체를 하나의 존재로 보고, 내담자의 경험된 감정을 경청하며, 내담자의 개인적인 의미를 이해하는 활동이다.

매슬로 욕구위계이론

Maslow는 인간의 본성은 선하고 주장하고 인간의 잠재적 창조성이 중요한 개념이라고 주장한다.

① Maslow의 욕구단계 이론 : 인간은 삶의 의미와 만족을 주는 일련의 선천적 욕구들에 대한 동기화 되고, 욕구는 개체를 항상 결손상태에 빠지게 한다.

- 생리적 욕구(Physiological needs) : 물, 공기, 음식, 잠, 성(性)과 같은 욕구들로 이들 욕구의 충족은 우리의 생존을 위해서 필요 불가결한 것이다. 이는 모든 욕구 중 가장 강렬하다.
- 안전의 욕구(Safety needs) : 생리적 욕구가 해결하게 되면 안전의 욕구가 유발된다. 안전의 욕구는 안전, 보호, 질서 및 불안으로부터 해방 등을 포함된다. 일상생활에서 정신적 신체적 안전을 추구하는 욕구이다. 예를 들면, 안정된 직장을 얻고, 보험에 가입하며, 미래를 위해서 저축하는 것이다.
- 사랑, 사회소속감 추구 욕구(Love and Belonging needs) : 안전의 욕구가 충족되면 어떤 집단에 소속되고자 하는 욕구이다. 예를 들면, 단체나 클럽에 가입하는 것이다. 또한 사람과 친밀한 관계를 가짐으로써 애정의 욕구를 만족시키려고 한다.
- 존경의 욕구(Esteem needs) : 자기를 존중하며, 성취나 칭찬 및 성공을 통해 타인으로부터 긍정적인 평가를 들음으로써 충족된다.
- 자아실현의 욕구(self-actualization needs) : 자아실현의 욕구는 욕구위계 중에서 가장 높은 수준이다. 자기충족의 욕구이며, 자아실현을 현실로 변환시키려는 동기에서 출발하여 이 욕구가 충족된 때 사람

은 희열과 삶의 보람을 느낄 수 있다.

② 자아실현을 못하는 이유

- 자신을 과소평가해서 자신에게 있는 잠재력을 알아차리지 못한다.
- 사회의 경직된 도덕적 관념이나 규범 등의 방해한다.
- 안전을 추구하는 욕구가 강해 도전에 따르는 모험이 두려워 스스로 포기한다.

8) Erikson 심리사회 이론

발달심리학

① 발달의 정의는 인간이 환경에 적응해 나가는 과정을 의미한다. 인간의 발달은 전 생애를 걸쳐 나타나는 모든 변화의 양상이다.

② 발달심리학은 인간이 전생에 걸쳐 변화하는 과정으로 사회적응과정을 다루는 심리학의 한 분야이다. 이런 발달심리학은 전생애발달심리학(Life-span Developmental Psychology)으로 변화되었다.

에릭슨의 심리사회적 발달이론의 이해

① 에릭슨(Erikson)의 인간발달이론은 1950년에 쓴 “아동기와 사회”(childhood and society)라는 저서에 잘 나타나 있으며 그는 인간의 전 생애에 걸친 발달을 8단계로 구분하였으나 출생에서부터 자아정체감이 확립된다는 20세 전후까지의 발달에 이론의 초점을 맞추고 있으며 성인기 이후의 발달현상에 대해서는 상당히 소홀하게 취급하고 있어 그 내용이 추론 수준에 머무르고 있다는 비판을 받고 있기도 하다.

② 에릭슨의 심리사회적 위기는 긍정적 요소와 부정적 요소를 다 포함된다. 만약 위기와 갈등이 처음부터 만족스럽게 해결되면 긍정적 요소는 점차 성장 발달하는 자아 속에 스며들어 보다 건전한 발달이 보장된다고 했다.

③ 에릭슨은 심리사회적 자아 발달단계를 여덟 단계로 제시하고 있는데 인생주기의 각 단계는 이 단계가 우세하게 출현되는 최적의 시간(critical period)이 있고 그리고 모든 단계가 계획적으로 전개될 때 완전히 기능하는 성격이 형성된다고 한다.

④ 각 단계들은 유전된 성격의 기초 기반이 점차적으로 전개되어 나타난 결과인데 각 단계의 구체적인 특징과 내용은 다음의 각 단계에 대한 설명에서 알 수 있듯이 동일한 방식으로 서술되어 있다. 즉, 각 단계에서 성취해야 할 긍정적인 과업과 부정적인 과업이 'A 대 B'의 형태로 제시되어 있으며 이러한 위기를 잘 극복하였을 때 발달하게 되는 자아자질 또는 덕성이 함께 제시되어 있다.

⑤ 여기에서 하나 유의할 점은 각 단계마다 부정적인 과업보다는 긍정적인 과업을 더 많이 성취하는 것이 중요하긴 하나 그렇다고 부정적인 과업을 전혀 성취하지 못한다면(물론 그럴 일은 없을 것이다) 그 또한 바람직한 것은 아니라는 점이다.

프로이드 이론과 에릭슨의 발달이론의 차이점

① 프로이드는 인간의 발달을 심리, 성적인 측면에서 설명한 반면, 에릭슨은 심리, 사회적인 측면에서 설명하였다.

② 프로이드는 청소년기까지의 발달에 대해서만 설명하고, 그 이후는 청소년기까지의 발달단계의 연속이라고 보는 반면, 에릭슨은 그 이후의 발달에 대해서도 언급하고 있다.

시기	에릭슨	적응 대 부적응 방식	덕목	프로이드
0~1세	유아기	신뢰감 대 불신	희망	구강기(oral stage)
1~3세	초기 아동기	자율성 대 의심 및 수치심	의지	항문기(anal stage)
3~6세	학령 전기	주도성 대 죄책감	목적	남근기(phallic stage)
6~12세	학령기	근면성 대 열등감	유능성	잠재기(latency stage)
12~18세	청소년기	자아정체감 대 역할혼돈	충실성	성기기(genital stage)
18~35세	성인기	친밀감 대 고립감	사랑	
35~60세	성인 초기	생산성 대 침체감	배려	
60세 이상	성인 후기	자아통합 대 절망감	지혜	

발달심리학

01 발달의 정의

발달과정은 시간이 경과함에 따라 양적 또는 질적으로 변화하는 과정이다. 양적변화는 크기와 양에 의해 변화를 의미하며, 양적변화는 신장, 체중, 어휘력에서 보이는 변화와 같이 크기 또는 양에서의 변화를 의미한다. 질적인 변화는 본질이나 정신적 작용에서의 변화와 같이 본질, 구조 또는 조직상의 변화를 의미한다. 발달의 개념으로는 성장과 성숙 그리고 학습이라는 개념이 있다. 성장은 신체의 크기나 능력이 증가하는 것으로 주로 양적인 변화를 의미한다. 그러므로 성숙은 유전적인 요인에 의해 발달적 변화를 통제되는 생물학적 과정을 말한다. 인간인 발달은 성장, 성숙, 학습의 세 과정이 공존할 때 비로소 이루어진다. 즉 일생동안 성장하고 성숙하며 학습으로 이루어지는 변화과정이 인간발달이다(정옥분, 2010 : 15-16).

02 인지 발달

1) 피아제 인지 발달 단계이론

기존의 도식이나 인지구조가 부합하다는 것이 인식하면 인지갈등(인지불평형)이 유발되는데, 인지갈등을 극복하기 위해 노력하면 기존의 도식이나 인지구조보다 더 정교한 도식이나 인지구조가 형성되는데 이것이 인지발달이다. 피아제는 아동의 학습에 대한 연구인 인지발달이론 및 발생적 인식론을 주장하며, 인지발달이론을 단계별로 재정립한 것이 피아제 이론의 특징이다. 피아제는 인지구조의 발달은 태어날 때부터 가지고 태어나는 생득적 요인과 함께 환경적 요인인 출생 이후의 경험과 학습이 인간의 성숙에 큰 영향을 미친다고 말한다.

중요개념

피아제에 따르면 인지발달은 도식(Schema), 적응(adaptation), 동화(assimilation), 조절(accom modation) 그리고 평형의 중요한 개념 단계적으로 이루어진다. 도식은 사물이나 사전에 대한 전체적인 윤곽을 말한다. 빨기나 잡기와 같은 최초의 도식들은 본질상 반사적이다.
적응은 환경과의 직접적인 상호작용을 통해 도식이 변화하는 과정이다. 동화는 새로운 환경자극에 반응함으로써 기존의 도식을 사용해 새로운 자극을 이해하는 것을 말한다. 조절(accommodation)이란 새로운 정보 혹은 새로운 경험을 인식하기 위해 기존의 도식을 수정하는 것을 의미한다. 쉽게 생각하면 동화란 새로운 정보를 자신의 생각에 부합하게 각색하는 것이며, 조절은 새로운 정보를 수용하기 위해 자신의 생각을 변형시키는 것이라고 말할 수 있다. 피아제에 의하면 인지발달이란 모순 없는 새로운 지식은 동화시키고, 기존의 도식에 적절하지 않은 지식에 대해서는 도식을 변경하면서 끊임없이 도식(Schema)을 확장시키는 과정이라고 설명한다(임규혁, 2002). 평행은 동화와 조절의 균형을 의미한다. 즉, 인지발달은 지식이나 기능이 점진적으로 축적되는 과정이 아니라 사고가 질적으로 급격하게 변용되는 과정이다.

피아제의 인지발달단계

첫째, 감각운동기(0∼2세) 단계에서는 아이들이 주로 감각이나 운동 활동을 통해서 환경을 경험해 나가는 생의 초반기에 해당한다. 이시기를 거치면서 아기는 점차 자산을 다른 대상과 구별할 수 있게 되고 처음의 반사적인 행동이 점차적으로 목적이 있는 행동으로 바뀌게 된다. 감각운동기에 일어나는 가장 중요한 인지 발달의 변화로 대상영속성(object permanence)의 개념이 있다. 대상이 한 곳에서 다른 곳으로 옮겨지더라도, 또는 시야에서 그 대상이 사라지더라도 다른 장소에 계속 존재한다는 사실에 대해 인지할 수 있음을 의미한다. 이것은 표상능력은 갖게 되었음을 의미한다.

둘째, 전조작기(2∼7세) 단계에서는 정신활동이 가능하지만, 정신활동이 논리성과 체계성을 갖추지 못한 단계이다. 전 조작 단계는 전 개념적 단계와 직관적 사고단계로 구분된다.

① 전개념(2～4세) 단계에서는 상징적 기능이 발달하고 전 개념을 사용한다. 이 단계의 주요 특징은 상징적 기능과 전 개념적 특성이다. 상징적 기능 혹은 기호적 기능은 내적 표상을 여러 형태의 상징으로 표현하는 것을 말한다. 전개념적 특성은 개념을 사용하지 않는다는 것이 아니라 불완전하고 비논리적인 개념을 사용한다는 것을 의미한다. 전 개념적 특성은 다음과 같다.

- 변환적 추리는 특수사례에서 특수사례로 진행하는 추리형태로 논리적인 오류를 포함한다.
- 물활론은 생명이 없는 대상에 생명과 감정을 부여하는 비논리적인 사고를 가진다. 실재론은 정신현상을 물리적인 형상으로 가정하는 사고이다.
- 인공론은 존재하는 모든 것은 인간이 창조했다고 생각하는 경향을 가진다.

② 직관적 사고(4～7세) 단계에서는 사고가 가능하나, 사물의 여러 측면을 동시에 고려하는 못한다. 사물을 지각적인 속성에 의해서 파악하는 직관적 사고는 가역성(可逆性)이 결여되어 있어 사고의 체계성과 논리성이 부족하다. 이러한 한계는 중심화 경향 때문에 나타나는데 중심화 경향은 자아중심성과 직관적 사고에서 전형적으로 나타난다. 자아중심성은 다른 사람의 관점을 고려하지 못하는 인지적 한계(자아 중심적 조망, 자아 중심적 언어)가 있다. 직관적 사고는 대상이나 현상의 가장 두드러진 한 가지 지각적 속성에 구속된 중심화된 사고방식을 갖는다.

셋째, 구체적 조작기(7～11세)단계에서는 이 시기의 아이들은 체계적이고 논리적인 사고체계를 가지게 되고 이것을 구체적인 문제에 적용시킬 수 있다. 이러한 구체적 조작이 가능한 것은 탈중심화가 이루어졌기 때문이다. 구체적 조작이 획득되면 자아중심성에서 벗어나 다른 사람의 입장이나 관점을 고려할 수 있고, 직관적 사고에서 벗어나 사물이나 현상의 여러 측면을 체계적으로 고려하는 가역적 사고를 할 수 있다. 가역성이란 행위 혹은 조작을 정신적으로 철회 혹은 무효화할 수 있는 능력, 즉 특정 조작과 역조작을 동시에 통합할 수 있는 능력을 말한다. 가역적 사고가 가능하면 길이, 무게, 부피와 같은 여러 형태의 보존개념을 획득하고, 분류 능력과 서열화능력도 발달한다.

- 보존은 대상의 겉모습이 바뀌어도 양적 속성이나 실체가 동일하다는 것을 인식하는 능력을 가지며 분류조작은 유목포함[8]조작이 가능하기 때문에 사물을 속성에 따라 다양하게 분류, 통합하여 유목의 위계망을 형성한다.
- 서열조작 : 사물들을 크기나 길이와 같은 일정한 기준에 따라 순서대로 배열하는 능력을 갖는다.

넷째, 형식적 조작기(11～15세) 단계에서는 완전히 가설적이고 추상적인 사상과 개념을 논리적으로 다룰 수 있고, 형식논리에 의해 사고할 수 있는 정신능력이다. 형식적 조작단계의 특징은 다음과 같다. 추상적 사고는 추상적인 개념을 사용해서 논리적으로 사고하는 능력이 있다. 가설 연역적 사고는 문제를 해결하기 위해 가설을 설정, 검증함으로써 결론을 도출하는 사고(추상적이고 융통성 있는 사고의 발달이 가능) · 명제적 사고 : 명제를 구성한다. 명제간의 관계에 대해 논리적으로 추론 가능 · 조합적 사고는 문제를 해결할 수 있는 모든 경우의 수를 논리적이고 체계적으로 숙고하는 사고를 갖는다.

2) 에릭슨(Erikson, Erik Homburger, 1902~1994)심리사회이론

심리사회이론은 인성발달단계이론과 성격발달단계이론 그리고 정신분석발달이라고도 한다. 에릭슨은 프로이트가 고려하지 않은 사회적, 문화적 요인을 성격발달과 연관을 지었으며 정신기능의 중심요소로서 자아를 강조하였다. 프로이트는 성격발달이 사춘기에 완성된다고 보았으나 에릭슨은 노년기에 이르기까지 성격발달이 이루어진다고 보았다.

▌ 중요개념

① 자아(ego) : 에릭슨은 프로이드와 달리 자아의 사회와의 관계에 초점을 두었다. 에릭슨은 자아의 사회와의 상호작용을 강조하였는데, 자아는 인간이 사회 속에서 적극적인 자세로 자신만의 자율성을 갖고 활동을 조절하는 것을 말한다. 하지만 자아는 개인의 집합적 과거가 자아로 작용하며 자아의 뿌리는 개인에게 있는 것이 아니라 사회조

---

8) 유목포함이란 부분과 전체의 논리적 관계 및 상위유목과 하위유목 간의 논리적 관계를 이해함으로써 전체는 부분보다 크고 상위유목은 하위유목보다 항상 크다는 것을 이해하는 능력이 있다.

직에 뿌리를 내리고 있다고 강조하고 있다. 프로이드는 자아가 원초아와 초자아의 세력 중간에 있다고 보았으나 에릭슨은 이 두 세력을 어느 정도 무시하고 자아가 자율적인 기능을 하는 것으로 간주했다. 이 차이는 성격이 어떻게 기능하는지에 관한 에릭슨의 관점을 암시한다. 즉, 성격이 주로 본능이나 부모에 의해 영향을 받는 것으로 생각하는 대신 에릭슨은 부모, 형제자매, 다른 사람들을 포함한 사회의 모든 구성원에 의해 영향을 받는다고 보았다. 또한 성격이 4~5세경에 거의 형성된다고 믿는 대신 지속적으로 사회와 관계되어 발달한다고 보았다.

② 자아정체감(ego-identity) : 자아정체감은 두 가지 측면을 가지고 있다. 제 1의 측면인 내적 측면은 시간적 자기동일성과 자기 연속성의 인식이다. 이는 시간이 경과하면서 자기 자신을 이제까지의 자신과 같은 존재로 지각하고 수용하는 것이다. 제 2의 측면인 외적측면은 문화의 이상과 본질적인 패턴을 인식하면서 그것과 동일시하는 것이다. 즉, 타자와 본질적인 특징을 공유하는 것이다.

에릭슨은 자아정체감이 없는 상태에서 자아정체감의 상태로 이동하는 인간발달을 "내적, 외적 갈등의 과정이고 인간이 위기를 극복하면서 통합감, 판단력, 자기 자신과 주위사람들의 판단기준에 적합한 대처방식을 익히면서 성장하는 과정"이라고 설명하였다.

③ 점성원리(epigenetic principle) : 에릭슨에 따르면 인간발달은 정신적·생물학적·사회적인 준비과정을 밟아가며 예정된 발달단계들을 통하여 변화하고 발달한다고 하였다. 이것을 에릭슨은 인간이 점성적 원리(후생적 원칙)에 의해 발달한다고 말하고 있다. 점성적 원리란 성장하는 모든 것은 그것이 갖는 기본계획이 있으며 그 기본계획으로부터 여러 부분들이 생겨나고 그 각 부분에는 하나의 기능적인 전체를 이룰 때까지 고유한 특별한 상승 시기가 있다는 것이며 심리사회적 자아발달은 점성원리(epigenetic principle)를 토대로 한다. 점성원리란 성장하는 모든 것은 기초 안을 가지며 이 기초 안으로부터 부분이 발생하고, 각 부분이 특별히 우세해지는 시기가 있으며, 이 모든 부분이 발생하여 기능하는 전체를 이루게 된다는 것이다.

이와 같이 생물학적으로 인간은 수태되면서 이미 기본적 요소들을 가지나 시간의 경과에 따라 이 요소들이 결합, 재결합하여 새로운 구조를 형성하듯이 심리사회적 성장도 이 원리를 따른다는 것이다. 즉, 건강한 성격은 각 요소가 다른 모든 요소에 체계적으로 관련되면서 적절하게 연속적으로 발달하게 된다.

④ 생활주기에 대한 시각 : 점성원리에 기초이다. 발달단계가 전 단계에 누적 또는 관련되어 나타나며 시공간의 영향을 받아 나타난다. 단순한 연속에 의한 단계가 아니라 위계에 준하는 것으로 모든 인간 유기체는 성장과 발달의 잠재가능성을 가진다. 이러한 성향의 부분들은 그 나름대로의 모든 과정에 거쳐 이미 기능하고 있는 전체로 발달하기까지 어떤 특정 단계적인 우세성을 가진다.

⑤ 생활주기론 : 에릭슨의 이론은 인간의 유전에너지에 의거하고 있으나 그것은 전적으로 사회경험에 의하여 좌우되고 있다. 생활주기론의 세 가지 원리에는 신체적 / 체질적 또는 신체적 조직, 자아, 사회적 / 사회 및 문화의 기대에의 조직적 반응으로 즉 신체적 과정, 자아의 과정, 사회적과정이 인간생활에는 누구에게나 공히 작용한다는 것이다. 에릭슨은 태어나서부터 노년기에 이르기까지 여덟 단계로 나누어 각 단계마다 일반적인 문제점과 여러 가지 갈등에 대해 언급하였다. 각 단계는 고정된 순서로 전개되며, 각 단계에서 나타나는 문제나 갈등은 문화와는 상관없이 공통적으로 나타난다.

에릭슨의 전 생애 발달 단계

첫째, 신뢰감 대 불신감(basic trust vs basic mistrust, 0~1)으로 유아는 양육자와 상호작용하여 기본적인 신뢰를 발달시킬 필요가 있다. 그러나 부모나 주위세계의 일관성 있는 지지를 받으면 신뢰감을 얻을 수 있지만, 주위의 보호가 부적절하면 불신감을 갖게 된다. 아무리 배고파도 먹을 수 없고, "앙"하고 울음을 터트려도 엄마를 볼 수 없는 상태, 아무리 기다려도 치워지지 않은 배변의 상태 일 때 등 위와 같은 환경에 의해 유전성도 있지만, 환경적 요인으로 인한 자폐가 형성될 수도 있다. 기본적인 신뢰는 내적인 확실성과 밖의 세상에 대한 예견성을 갖게 하고, 유아가 쉽게 먹고, 깊게 자고, 편안한 배변을 통해 일괄성과 지속성, 향상성적인 환경을 만들어주어야 한다. 그 속에서 신뢰 대 희망, 불신 대 자아 폐소(autistic isolation)가 생겨난다.

둘째, 자율성 대 수치심 및 의심(autonomy vs shame, 1~3)으로 걷고 말하기 시작하면서 대상에 대한 탐험과 조작이 형성된다. 부모 - 특히 어머니 - 나 주위의 분별력 있는 도움과 격려는 자율성을 키우게 되지만, 과잉보호나 부적절한 도움은 아이의 의지력(Will power)을 약화시키며 지나치게 억제를 받으면 유아적 신경증(infantile neurosis, 앙팡노이로제 라고도 함)을 통해 창피, 고집, 계속 쥐려고 하는 경향, 분노 등 자신의 능력을 의심하게 된다.

셋째, 주도성 대 죄책감(initiative vs guilt, 3~6)으로 지적활동과 운동 활동 모두 주도할 수 있다. 유아시기에 주변세계를 탐색할 수 있는 기회와 자유는 새로운 희망과 책임성으로 주도적으로 계획 실천할 수 있는 어린이의 주도성을 발달시키지만, 그러나 일방적 부모 계획으로 인해 이루지는 아이는 죄의식과 질투심, 자신을 지나친 통제, 신경질적 부정과 과시 등에 의해 자신의 행동에 죄책감을 갖는다.

넷째, 근면성 대 열등감(industry vs inferiority, 6~12)으로 무엇을 성취하도록 기회를 부여받으면 그 결과 근면성을 통해 자신감을 갖게 되지만, 주어진 일을 제대로 해내지 못하거나 필요한 기술을 습득하지 못하는 아동들은 비난이나 좌절감을 경험하면 열등감을 갖게 된다. 사회생활에 있어서 결정적인 시기로서 과업을 완성하지 못하는 경우에는 부적절감을 형성하게 된다. 부적절감과 열등감은 일을 의무적으로 하는 사람이 되거나 다른 사람들의 일에 자신을 적절하게 적응시키는 사람이 된다.

다섯째, 자아정체감 대 역할혼미(identity vs role confusion, 12~18세)로 정서적 안정과 좋은 성역할의 모델이 있으면 자신에 대한 통찰과 자아정체감을 갖게 되지만, 그렇지 않으면 직업선택이나 성역할, 가치관의 확립에 있어 심한 갈등을 야기 시킨다. 정체성대 역할혼란(identity vs Role confusion)은 아동기가 끝나는 시기로 청소년기가 시작되는 초기 사춘기(초, 중)시기인 10(11)~16세와 후기 사춘기인 16~21세(고, 대학 초)로 나누어진다. 신체적 변화, 심리적 적응, 사회 속에서 자신의 역할 조정이 제대로 통합되면 자아 정체성을 갖는 충실성(fidelity)이 생기고, 충실성을 실패하념 역할 혼돈(role confusion)이 생긴다. 자신의 성역할에 대한 혼돈을 가져오고 대중의 영웅들이나 광대들과 자신을 지나치게 동일시하는 경향이 생기게 된다. 청소년들의 사랑은 자신의 정체성을 확인하려는 시도로서 자신의 자아의 일부분을 다른 사람에게 투사하는 형식으로 나타난다. 자신과 다른 사람들에 대해서 잔인해지며 힘든 일이나 고통에 대한 인내심이 아주 적어진다. 이상적인 성향들이 나타나고 또래의 영향을 과다하게 받는다.

여섯째, 친밀감 대 고립감(intimacy vs isolation)으로 부모, 배우자, 동료 등과 좋은 인간관계를 발전시키면 친밀감을 갖게 되지만, 그렇지 못하면 타인에 대한 두려움과 고립감이 생긴다. 친밀성 대 소외는 젊은 어른들로서 21~40세가 이 시기에 해당된다. 자신의 자아를 다른 사람들과 적극적으로 나누는 시기이다. 자신을 다른 사람들과 나눌 수 있는 방법으로써 친밀감을 둘 수 있다. 다른 사람들과 친밀하게 자신을 나누는 일을 할 수 있는 사람들은 부부관계를 통해서 친밀성을 유지할 수 있다. 친밀성은 부부간의 성적인 관계를 통해서 극대화되며, 다음 세대를 준비할 수 있게 된다. 사랑하는 사람에 대해서 윤리성을 발달시킬 수 있다. 친밀성은 다른 사람들과의 관계 속에서 사랑을 만들어 나갈 수 있는 능력을 발달시킨다. 친밀성을 발달시킬 수 없는 사람들은 다른 사람들과의 관계 속에서 자신을 소외 시킨다. 다른 사람들에게 자신을 헌신할 수 없으므로 친밀한 관계를 유지할 수 없다, 진정한 의미에서 자신의 자아를 나누는 일을 하기 어려우며 이로 인해서 관계 속에서 소외는 증가된다. 자신의 의도대로 하려 하면 다른 사람들이 자신을 벌 할 것 같은 느낌이 들며 이로 인해 자신을 다른 사람에게 진정으로 내보이기 힘들게 된다. 자신을 스스로 소외시키는 현상을 경험한다.

일곱째, 관용 대 정체(generativity vs stagnation)로 자신에게 몰두하기보다는 자녀와 직업을 통해 생산적인 활동에 참여하는데, 만일 그렇지 못하면 사회 심리적으로 침체된다. 관용 대 정체의 단계는 다음 세대를 준시하는 시기로서 40~65세에 해당된다. 자신을 과감하게 잃어버릴 수 있는 시기이다. 창조성과 다음 세대에 대한 생산성이 강조되는 시기이다. 다음 세대를 돌보는 단계에 대한 헌신이 필요한 시기이다. 세대 간의 개성을 위해서 노력하는 시기로서, 자신감을 주는 시기이다. 이 시기는 돌봄의 덕을 발달시키게 된다. 다음 세대를 돌보는데 어려움을 겪는 사람들은 가짜 친밀성을 갖게 된다. 가짜 친밀성을 통해서 다음 세대를 돌보기보다는 자신의 욕구를 충족시키기 위해서 다음 세대를 착취한다. 개인적으로는 빈곤함에 빠지게 된다.

여덟째, 자아 통합성 대 절망감(성인후기 혹은 노년기)으로 지금까지의 인생에 만족하면 생의 유한성도 수용하지만, 그렇지 않으면 공허함과 초조함을 느끼며 절망감을 느낀다. 자아통합대 절망(ego integrity vs despair, 54세 이상) : 노년기에 해당된다. 이 단계는 65세 이후의 생애로서 여러 가지 다양한 모양에 대해서 상대성을 습득하게 되는 시기이다. 다른 사람들에 삶의 방식에 대해서 존중하는 마음을 갖게 되고, 자신의 삶에 대해서 존중감을 갖는다. 자신의 삶에 대해서 품위를 유지하며 이를 통해서 자신의 삶과 역사성, 그리고 문화성을 통합하는 삶을 갖게 된다. 자아통합은 곧 지혜의 덕목을 발달시킨다. 반면에 죽음에 대한 공포를 갖는 사람들은 자신의 삶에 대해서 절망감을 갖는다. 새로운 것을 추구하기에는 너무 시간이 짧아서 대안을 찾을 수 없게 되어 절망감에 이른다.

사회심리학

01 사회심리학

1) 사회심리학의 개념 및 정의

① "다른 사람이 실제 존재하거나, 타인이 존재한다고 생각하거나, 상상이나 상징으로 타인이 존재하여 개인의 생각, 감정 및 행동에 미치는 영향을 이해하고 설명하려는 과학적 연구 학문"(Allport, 1968)이다.

② 여기에서 과학적이라는 말은 경험적 조사 방법을 언급한다.

③ 생각, 감정, 행동이라는 정의는 인간의 존재에서 측정 가능한 심리학적인 다양성의 모든 것을 포함한다.

④ 다른 사람들의 상상적 또는 함축된 존재는 다른 사람들이 존재하지 않을 때조차도 우리가 사회적인 영향을 받기 쉬우며, 이것은 마치 우리가 TV를 보는 것 또는 내재화된 문화의 표준을 따르는 것이라고 주장한다.

⑤ 사회심리학자들은 전형적으로 인간의 행동을 직접적인 사회적 상황과 정신적은 상호작용의 결과로 설명한다.

2) 사회심리학과 타 학문과의 비교

구분	사회심리학	문화인류학	성격심리학	사회학
분석단위	개인	문화	개인	사회단위, 조직, 계층
행동설명 방식	개인의 심리화 행동은 당시 상황에 좌우 (예) 주취행위-주취 행위는 주변 사람의 행동, 가난이나 절망 등 주취행동 당사자가의 환경 등을 원인으로 본다.	문화 차이에 따라 개인의 신념과 행동이 다르다. (예) 주취행위-주취 자에 대한 관대한 문화적 특성	개인의 심리화 행동은 그의 성격 특징을 반영 (예) 주취행위-주취 자의 개인적 특성인 충동성, 정서적 편안함, 도전성, 외향성 등 취행위자의 개인적 특성에 중점을 두고 설명한다.	사회 구조의 영향 강조 (예) 주취행위-경기침체, 재벌위주정책, 갑질문화 등 증가
관심 있는 사회적 상황	대인간의 요인을 중요시한다.	문화에 공통적인 특성을 찾고자 한다.	개인차에 초점	일반적인 사회현상

3) 사회심리학의 주요 개념들

▌사회 인지(social cognition)

① 사회인지는 다른 사람들에 대한 정보기억 그리고 생각, 인지에 관한 사회 심리학의 한 분야이다.

② 사회학습과 인지과정을 통해 학습된 행동을 합리적 사고로 올바른 가치관을 형성하는 것이다.

③ 사회인지의 중요한 연구 목표는 귀인(attribution)이다. 귀인 우리자신의 행동 또는 타인의 행동을 설명하는 것이다.

▌사회적 정체성(social identity)

① 정체성이란 자신 내부에서 일관된 동일성을 유지하는 것과 다른 사람들

과의 어떤 본질적인 특성을 지속적으로 공유하는 것 모두를 의미한다.

② 개인이 특정 집단에 소속되어 그 집단에 동화하게 되면 개인적 정체감은 상실되고 새로운 정체감 즉, 집단의 한 구성원으로서의 자신을 정의하는 사회적 정체감을 갖게 된다.

③ 사회적 정체성은 사회적 범주화와 사회적 동일시를 통해서 형성된다. 사회적 범주화라는 것은 자신을 어떤 속성을 공유하고 이는 다른 사람들과 함께 어떤 사회집단의 범주로 분류하는 것을 말하며, 사회적 동일시는 사회적 범주화를 통해서 그 집단과의 유대감을 통한 그 집단의 특성을 자기의 것으로 수용한다는 것이다.

사회적 촉진(social facilitation)

① 단순한 타인의 존재가 과제수행에 미치는 효과를 관중 효과(audience effect) 또는 사회적 촉진이라고 한다. 이를 다시 말하면 혼자일 때보다는 타인이 있을 때 과제수행을 더 잘한다는 것이다.

② 사회적 촉진 현상이 일어나는 3가지

- 추동이론(drive theory)이다. 이는 타인의 존재가 과제를 수행에 변화를 일으킨다.
- 분산 / 갈등(distraction / conflict theory)이다. 이는 타인의 존재가 과제에 집중에 방해하기 때문에 수행에 변화를 가져온다는 것이다.
- 자아이론(self-theory)이다. 이는 타인의 존재가 자의식을 증진시키기 때문에 수행에 변화를 일으킨다는 것이다.

사회적 태만(social loafing)

① 혼자일 때 보다 집단에 속해 있을 때, 더 게을러지는 현상을 말한다.

② 사회적 태만 현상의 4가지 전략

- 할당전략은 사람들은 혼자일 때 최대의 노력을 발휘하기 위해 집단 속에서는 에너지를 절약한다는 것이다.
- 최소화 전략은 사람들은 가능한 최소의 노력을 들여 일을 성취하려는 동기이다.
- 무임승차 전략은 집단 상황에서 개인은 남들의 노력에 편승해서 그 혜택을 받기위해 자신의 노력을 줄이는 것이다.
- 반 무임승차 전략은 열심히 노력을 하지 않는 사람들이 무임승차를 하는 것을 원하지 않기 때문에 자신도 노력을 하지 않는다는 것이다.

③ 사회적 태만 현상을 극복하는 방법

- 개인 노력의 확인. 사회적 태만은 개인 노력의 확인과 평가에 따라 달라진다.
- 사회적 태만 허용 상황의 규정이다. 훈련의 강도가 너무 강한 경우에는 강도를 풀어주거나 게임 위주의 재미있는 연습법을 개발해야 한다.
- 학생과 대화하기가 있다. 선수가 게으름을 피울 때, 그 이유에 대해 선수와 대화를 나눌 필요가 있다.
- 개인의 공헌을 강조하기가 있다. 팀 전체의 단합만을 강조하면, 팀에게서 각자의 역할이 얼마나 중요한지를 간과할 수도 있다.

④ 링겔만 효과(ringelmann effect)란 집단에 참여하는 사람의 수가 늘어날수록 성과에 대한 1인당 공헌도가 오히려 떨어지는 현상을 일컫는 말입니다.

몰 개인화

① 집단속에서 개성이 상실되어 집단행위에 민감해 지는 현상이다. 예를 들면, 축구경기장에서의 관중의 폭력사태 등이다.

② 군중 속에서는 원초적 인간의 정서가 쉽게 표출되며, 마치 병균이 전파되는 것처럼 한 사람의 정서가 집단 전체로 퍼져나가서 모두가 동일한 정서를 느끼게 되는 이른바 사회적 전염(social contagion)현상이 나타난다.

③ 몰 개인화되는 결정되는 요인은 익명성과 자기인식의 감소, 정체성의 변화 정체성의 상실 등이 있다.

죄수의 딜레마 게임(prisoner's dilemma game)

① 각 경기자들이 우월전략을 가지고 있으나, 모든 경기자가 우월전략을 선택할 때 얻는 보수가 열등전략을 선택할 때 얻는 보수보다 낮은 게임이다.

② 두 명의 용의자가 체포 후 격리되어 심문을 받으며, 서로 간의 의사소통은 불가능함. 선택은 단 자백과 침묵 두 가지 뿐이고, 선택에 따른 결과는 다음과 같다.

- 둘 중 하난가 배신하여 죄를 자백하면 자백한 사람은 즉시 풀어주고 나머지 한 명이 10년을 복역해야 한다.

- 둘 모두 서로를 배신하여 죄를 자백하면 모두 5년을 복역한다.
- 둘 모두 죄를 자백하지 않으면 모두 6개월을 복역한다.
- 죄수들은 상대방의 결과는 고려하지 않고 자신의 이익만을 최대화한다는 가정 하에 움직이게 된다. 그리하여 죄수의 입장에서는 상대방의 선택에 상관없이 자백을 하는 쪽이 언제나 이익이므로 합리적인 죄수라면 자백을 선택한다.
- 정기적으로 협동은 모두 공존하게 되고 경쟁은 서로의 경쟁을 유발하여 둘 다에게 손해를 입히게 된다.

사회적 딜레마(social dilemma)

① 사회적 딜레마는 한 조직에서 모든 이들이 이기적으로 행동하지 않는 한, 개인은 이기적인 행동에서 이득을 얻고 전체 조직은 손해를 보는 상황을 말한다.

② 개인에게는 즉각적인 보상을 주지만 장기적으로는 개인과 사회집단 전체에 해로운 결과를 초래하는 것을 말한다.

③ 사회적 딜레마는 다양한 학문 분야에서 다뤄지고 있다. 심리학, 경제학, 정치학 등이다. 사회적 딜레마 종류 중 공공재의 딜레마는 몇몇 구성원이 공공재를 제공하면 전체가 이득을 얻을 수 있으나, 충분히 많은 사람들이 기여하는 경우 개인들이 무임승차로 인해 이득을 얻을 수 있는 상황을 말한다.

공유지의 비극(The tragedy of the commons)

① 공유자원은 결국 개인의 사리사욕으로 인해 고갈되고 공동체를 파국으로 몰아가는 것이다.

② 개인의 죄의식 없는 행동이 환경에 피해를 입힐 수 있다.(개릿 하딘, 1968)

③ 누구에게도 소유권이 주어지지 않는 공유지는 단지 황폐화될 뿐이다.

④ 사적인 소유권이 누군가에게 주어져 있어야 사람들은 상호간의 거래를 통해 본래 자신들에게 최적인 형태로 공유지를 관리 할 수 있다.

4) 사회심리학의 연구 목적

① 기술(description) : 예를 들면 남녀가 같은 대학 동아리에서 자주 보다 호감을 느끼고 사귐을 말한다.
② 설명(explanation) : why? → 사회심리학은 이곳에 중점을 맞춘다.
③ 예언(prediction) : 타 대상 및 현상으로 보편화 하는 것이다.
④ 통제(control) : 상황조건 변화 → 사회문제 해결하는 것이다.
기술, 설명, 예언은 기초연구 목표이고(예를 들면 스마트폰에 중독된 청소년에게 어떤 영향이 있는가?), 통제는 응용연구의 목표이다.(예를 들면 스마트폰 중독 예방 및 치료 대책은?)

5) 사회심리학의 연구주제

개인적 수준

① 자기와 동기, 성격과 개인차
② 태도와 태도변화
③ 사회인지(사회적 추론, 판단, 선택 등)

관계적 수준

① 가족, 여인, 친구, 직업적 관계 등 다양한 관계의 속성, 심리적 문제
② 대인지각, 대인사고, 관계적 상호작용의 매커니즘, 대인 관계 발달 과정

집단적 수준

① 집단 내 과정(권력, 리더십, 집단규범, 사회적 영향, 협동과 수행 등)
② 집단 간 과정(사회정체성, 내－외집단 범주화, 고정관념, 편견, 차별 등)

02 사회심리학의 사회적 사고

1) 사회심리학의 핵심 구성요소

사람(person)의 정의

개인의 지식, 태도, 성격 등을 특정 사회적 상황에서 나타내는 심리적 특성을 가진 개체를 의미한다.

사회적 상황(social situation)

사람의 행동에 영향을 주는 외부환경 즉, 사건이나 상황이다.

행동유도성(affordance)

대상의 어떤 속성이 유기체로 하여금 특정한 행동을 하게 유도하거나 특정 행동을 쉽게 하게 하는 성질이다. 예를 들면, 학생에게 선생님이 미치는 영향, 또래 친구들에게서 받는 영향 등이 있다.

2) 사회심리학의 이론적 접근

많은 사회심리학 이론은 아래와 같은 6가지 접근으로 집약할 수 있다.

동기 접근

사회행위를 개인의 요인, 즉 생물학적 또는 심리사회적 충동으로 설명할 수 있다.

① 본능론 : Freud, Lorenz, McDougall 등은 유전적으로 가지고 태어나는 생물학적 본능으로 사회행위를 설명한다.(예를 들면 성범죄를 인간의 공격본능이나 파괴본능으로 설명. 개인차를 설명하지 못한다.)

② 유전적 차이 : 유전인자 형태의 차이가 행동의 차이를 발생한다. (예를 들면 특정 염색체를 가지고 있으면 성 범죄자가 될 확률이 높다.)

③ 사회적 원인 : 사회화 단계에서 후천적으로 학습한 원인을 말하며, 성취원인, 친화원인 세력원인 등으로 사회행동 원인을 설명한다.

▌학습이론 접근

행동주의의 작용으로 사회적 행동은 체험을 통해 학습된다고 주장한다.

① 연합(association) : 반복적으로 두 자극을 짝 지울 수 있다.
(예를 들면, 김연아+커피 → 광고커피에 호감 및 구매)

② 강화(reinforcement) : 어떠한 행동을 한 후에 그에 따른 보상의 주어지는 결과이다.(예를 들면, 열심히 공부한다 → 좋은 성적으로 부모님에게 칭찬받는다 → 더욱 열심히 공부한다)

③ 관찰(observation) : 관찰대상의 행동과 태도를 보면서 나타는 결과이다(예를 들면, 폭력적인 컴퓨터 게임을 많이 하는 사람은 공격적인 행동을 많이 한다).

▌인지 접근

과거 경험보다 지금 당장 현재(Here and Now)처럼 현재를 강조한다.

▌의사결정 접근

사람들은 자신에게 이익이 큰 행동을 선택한다.
(예를 들면, 같은 시간에 친구와 약속과 애인과 약속이 같은 시간에 잡혔을 때 애인과 약속을 선택하는 것을 자신에게 이익이 크다고 생각하는 것이다.)

▌상호의존 접근

사람들은 타인과 관계에서 일어나는 보상과 손실의 교환과정이다.

▌사회문화 접근

각 문화에 따라서 사회심리와 행동이 어떠한 차이가 있는 문화 요인이 무엇인지 알고자 하는 것이다.

3) 사회생활 속의 자기

▌자기

① 자기 개념 : 자기 자신에 대한 신념체계로써 개인의 행동을 이해하는데 중요한 구인의 하나이다. 자신의 경험에 비추어 주변상황이나 사건을 평가하는 판단 기준이다.

- 인간이 한 개체로서의 자신에 대해 가지고 있는 이미지 자신의 생각, 감정, 태도의 복합물을 의미한다. 자신에 대해 갖고 있는 생각, 감정, 태도의 복합물을 의미한다.
- 자기개념은 자신이 어떤 사람이며, 어떻게 행동하고 생활주변에 어떻게 반응하는지에 관한 것을 알려 주며 하나의 연속적인 과정이다.
- 인간의 핵심적인 부분이며, 인간이 일상생활에서 표현한 모든 반응의 산물이고 자아에 대한 자신의 개념이다.
- 자신감과 자아 존중감으로 구성된다.(자신감이란 어떤 과제를 할 수 있는 자기 능력에 대한 신념이며 자아존중감은 개인이 자기 자신의 가치에 대해 내리는 평가를 의미한다.)

자기 개념의 기능

① 경험의 여과 기능 : 지각적 여과장치로써 그 사람의 모든 경험과 타인과의 상호작용 내용을 1차적으로 걸러내는 기능이다.

② 자상예언 기능 : 세상일이 우리가 믿고 예견한 대로 되어가는 것처럼 느끼게 되는 현상으로 자성예언, 자기 충족적 예언 또는 피그말리온 효과[9]라고 한다.

③ 주변 정보의 해석 : 주변 정보의 해석은 부정적 자가 개념과 긍정적 자가 개념으로 나뉜다. 긍정적 자가 개념은 호의적이고 자신의 장점과 단점을 모두 인정하며 상대방이나 주변에서 벌어지는 사건을 있는 그대로 받아들인다. 부정적인 자가 개념은 비난적이고 부정적인 피드백에 보다 민감하고 비판적이며 자기 행동이 타인에 비해 열등하다고 평가한다.

자기의 구성 요소

① 물적 자기(material self) : 개인이 가지고 있는 소유물(신체, 의상, 가족, 집 등)을 통해 파악한다.

② 사회적 자기(social self) : 타인들의 자기에 대한 평가, 즉 인상, 평가들로 형성된다.

③ 정신적 자기(spiritual self) : 개인이 지닌 내면 주관적인(성격, 정서, 취양 등) 것들로 심리적 속성들이다.

9) 피그말리온 효과(pygmalion effect) : 무언가에 대한 사람의 믿음, 기대, 예측이 실제적으로 일어나는 경향이 있다.

자기의 두 가지 형태

① 주체(subject) 자기 : 자기에 대한 태도와 감정을 발전할 수 있는 능력이다.

② 객체(object) 자기 : 자기에 대해 객관적으로 판단하고 대응할 수 있는 능력이다.

복합적 자기

① 자기복합성의 의미 : 자기구조가 단순한 사람들은 자신에 대해 단순하게 파악한다.

② 복잡한 사람들은 다양한 상황들에서 독립적, 개별적으로 자신의 모습을 파악한다.

03 사회 심리학에서의 태도

1) 대인관계에 따른 태도변화

① 사회심리학에서 태도는 학습, 개인, 물체, 장소를 전체적으로 평가하는 것 또는 생각과 행동의 변화 문제로 정의된다.

② 태도는 기본적인 찬성과 반대, 호의, 비호의, 좋고, 나쁘고를 표현하는 것이다.(예를 들면, 아이스커피를 좋아한다., 낙태를 반대한다. 또는 좋아 하는 정당의 정책을 지지한다.)

③ 사회심리학자들은 태도의 형성, 태도의 구조, 태도변화, 태도기능, 태도와 행동의 관계성을 연구이다.

- 사람들은 태도의 영향을 받는다.
- 일반적인 태도는 특별한 행동에 항상 좋은 예측이 아니다.(예를 들면, 사람들은 아마도 환경을 평가하고, 특별한 날에 캔을 재사용하지 않을 것이다.)
- 태도는 잘 기억되어지고, 우리 자신의 개념에 중심이고, 행동에 더욱 같아지도록 이끌고, 일반적인 태도를 측정하는 것은 매순간에 행동의 패턴을 예상할 수 있다.

2) 태도의 연구 접근

① 최근 태도에 관한 많은 연구는 내포적 또는 무의식적은 태도와 전통적인, 그리고 자기진단태도를 측정하는 것을 구별하는 내용이다. (예를 들면, 내재적 연관 검사를 사용하는 시험에서 사람들은 종종 다른 인종을 싫어하는 편견이 있다는 것을 발견했다.)

② 외형적인 태도는 상호관련적인 대인 관계에서 언어적인 행동과 관련이 있으며, 반면 내성적인 태도는 비언적인 행동과 관련이 있다.

③ Abraham Tesser(1933)에 의하면 태도는 우리들의 유전에 뿌리 두고 있다고 말했다.

- 태도의 의의
  - 우리들의 가장 귀중한 태도는 결과적으로 종종 태도목적에 노출된다.(예를 들면, 보상과 벌에 대한 기억 / 부모, 친구 그리고 적이 표현하는 태도 / 우리가 살고 있는 곳에 사회적 문화적 내용, 우리가 가지고 있는 다른 종류의 표현이다.)
  - 태도는 분명하게 배움의 기본적인 과정을 통해서 형성된다.
  - 수많은 연구에서 어떻게 해서든 감정적으로 변화되고 연결된 중립에 자극은 강렬한 긍정적 그리고 부정적인 태도를 사람들이 형성할 수 있는 것으로 보여주었다.
  - 태도는 또한 훈련의 여러 가지 다른 범주를 포함한다.(예를 들면, 일치, 상호적 태도, 사회적 개념 그리고 편견)
- 태도의 형성 이론
  - 학습

    ▸ 고전적 조건 형성화는 가까운 두 가지 시공간에 순차적이고 반복적으로 일어나면서 형성된다. 조건자극과 무조건 자극이 순차적으로 일어나면 두 자극이 연합되어 학습된다.(예를 들면, 여자 화장품 광고에 예쁜 여자 연예인을 광고 모델로 등장시키는 것은 중립 자극(조건자극)인 상품에 예쁜 여자 연예인(특정 태도반응 유발대상)을 연합시키는 것이다.)

    ▸ 도구적 조건 형성화는 보상받은 어떤 행동에 대해서 긍정적인 태도가 형성되고, 그 행동을 하는 빈도가 증가한다.(예를 들면, 미팅에 나가 이성이 옷을 잘 입는다고 칭찬해 주면 다음에 만날 때도 옷에 신경 쓰고 더욱 잘 입으려고 노력하는 행동이다.)

▸ 사회 학습(모방) 형성화는 자신이 존경하거나 영향력이 큰 타인의 행동이나 태도를 관찰하고 이를 모방함으로써 자신의 태도를 형성한다.(예를 들면, 아이들이 부모의 행동을 따라서 하는 행동이다.)

- 일관성 유지

▸ 인지–정서 일관성 이론은 자신이 심리적으로 불균형 상태를 느끼면 심리적인 압박감과 불안감을 느끼게 되어 심리적 윤형을 이루기 위해 노력하는 성향을 설명하는 이론으로 즉 태도 대상에 대한 일관성을 추구하는 경향이 있다는 이론이다. 따라서 서로 일치하지 않는 인지와 감정을 같게 만들기 위해 노력하며, 인지가 감정을 변화시키거나 또는 반대의 경우도 나타날 수 있다.

▸ 하이더의 균형이론은 태도들 간에 불균형이 발생하면 균형을 회복하기 위해서 기존의 태도를 변화시킨다는 이론이다.

04 사회 심리학에서의 태도변화

1) 행동에 따른 태도변화

▌인지 부조화 이론

이습우화에 나오는 이야기를 보면 여우가 나뭇가지에 매달린 포도를 따려고 몇 번 시도하다가 안 되니까 "저 포도는 매우 실거야." 라고 말하면서 포기하는 대목이 있다. 스탠퍼드대학교의 심리학자였던 페스팅거(Leon Festinger)가 주장한 '인지부조화'란 믿는 것과 행동하는 것 사이에서 느끼는 불일치감이다. 여우가 맛있는 포도를 따 먹으려고 시도했으나 딸 수 없는 상황이 바로 심리적 불일치를 말해준다(김미성, 1992). 페스팅거의 이론은 사람들이 자신의 태도가 행동과 일치한다는 것을 확인하기 위해 사용하는 3가지의 정신구조가 있음을 보여준다.

① 불충분의 정당화 : 선택적 노출이 부조화를 막는다는 것이다. 페스팅거는 사람들이 부조화를 가져올 것 같은 정보를 피한다고 주장한다. 우리는 자신의 취향이나 신념에 맞는 책을 읽거나 TV프로그램을 선택 하는 경향이 있다. 자기 취향에 맞는 것을 고름으로써 상대적 편안함을 유지할 수 있기 때문이다.(김미성, 1992)

② 부조화의 재 확신 : 무엇인가를 결정한 이후에 오는 부조화가 재 확신의 필요성을 가져온다는 것이다. 이슈가 중요할수록 사람들은 똑

같이 매력적인 두 가지 선택에 대해 생각하는 시간이 길어진다. 그리고 결정을 반복하는데 어려움이 크면 클수록 결정을 내린 이후에 느끼는 부조화도 더 커진다. 결정한 이후에 느끼는 부조화의 대표적인 예로써 새 자동차를 계약하고 난 뒤 겪는 복잡한 심리상태를 들 수 있다. 가격이 너무 비싼 것을 고른 것은 아닌가, 다른 모델을 고를 걸 그랬나, 아니면 색상을 잘못 선택한 것은 아닌가 하는 생각들이 끊이지 않게 된다.(김미성, 1992)

③ 노력의 정당화 : 자신이 취한 행동에 대한 최소한의 정당화가 태도변화를 일으킨다는 것이다. 인지 부조화이론이 나오기 이전에는 내적인 태도와 외적인 행동은 마치 인과적으로 연속되어 있는 것처럼 생각하는 것이 자연스러운 것처럼 보였다. 그래서 누군가를 설득해서 행동의 변화를 바란다면 우선 마음이나 태도부터 변화를 주고자 했다. 그러나 페스팅거의 최소 정당화 가설(minimal-justification hypothesis)은 태도－행동의 인과적 연속성을 행동－태도의 인과성으로 뒤집고 있다. 그는 상대방의 마음을 움직일 수 있는 가장 좋은 방법은 상대방에게 호감이나 도움을 주는 확실한 행동을 하는 것이라고 주장한다. 즉 행동이 있은 뒤에 태도가 형성된다는 것이다.(김미성, 1992)

자기 지각 이론(self-perception theory)

자신의 인지 부조화를 해결하기 위해서 태도를 변화시키는 것이 아니라, 자신의 과거행동을 통해 태도를 추론한다는 것이다.

① 만일 자신의 내적 기준이나 판단 근거가 명확하지 않아서 자신의 행동에 대한 이유를 해석하기 힘들 경우이다.

② 자신은 타인들이 어떻게 생각할 것인가를 판단 기준으로 사용하는 경향이다.

③ 문간에 발들이기 기법은 타인에게 거절하기 힘든 아주 작은 부탁을 한 다음에 점점 더 큰 부탁으로 이어 결국 원하는 결과를 얻는 것이다.

2) 설득에 의한 태도변화

설득

전달자가 상대방에게 전달 내용을 따르도록 말을 통해 깨우치도록 만드는 것이다.

① 전달자는 상대방을 설득하기 위해서는 자신이 전문성과 신뢰도에 따라 설득의 효과가 달라진다는 것을 알아야 한다. 여기에서의 전문성은 전달자가 가지고 있는 정보와 지식 등을 포함된다.

② 전달자는 상대방에게 정확하고 명확한 증거를 제공하기 위한 논리를 제시해야 하고 합리적인 이치에 근거를 두어야 한다.

③ 전달자는 상대방의 심리 또는 감정 상태에 따라 호감을 얻기 쉬우므로 감정을 잘 이용해야 하며 이는 관계의 중요성이 우선되고 상대방의 욕구를 잘 파악해야 한다.

설득의 기술

전달자는 상대방에 대한 설득 기술은 다음과 같다.

① 전달자 자신에게 상대방이 호감을 갖게 한다.

② 전달자는 자신의 의견이나 행동에 상대방이 찬성케 하도록 믿음과 신뢰도를 높인다.

③ 전달자는 상대방이 동일한 의견이나 사고를 갖게 한다.

④ 상대방을 움직일 수 있도록 논리적인 설명을 한다.

⑤ 상대방이 나와 동일한 행동을 하게 전문적인 부분을 강조하고 명확한 증거를 제시한다.

설득의 6가지 법칙

① 상호성의 법칙 : 우리는 다른 사람이 우리에게 베푼 호의를 그대로 갚아야한다는 생각이 있다. 이는 우리가 받은 호의는 심리적 부담을 느끼게 되며 이를 없애기 위해서 노력하게 된다. 상호성의 법칙에 따라 상대방을 빚진 상태로 만들면 정상적인 상태에서는 상대방에게 승낙을 얻는 일이 불가능한 일도 승낙을 얻게 된다. 예를 들면 화장품 샘플, 시식코너를 들 수 있다.

② 일관성의 법칙 : 우리는 자신이 선택한 것이 최고라고 믿고 싶어 한다. 이는 일단 어떤 입장이나 선택을 하게 되면 그 결정에 대한 일

관성이라는 심리적 압력에 따라 자신의 결정이 정당화하는 방향으로 맞춰 나가기 때문이다. 예를 들면 첫 번째로 작은 것부터 시작하면 나중에는 큰 것을 설득할 수 있다. 이는 문전 걸치기 기법이라 한다. 두 번째는 개입과 일관성의 심리전이다. 이는 상대방을 어떤 일에 개입할 수 있게 할 수 있다면 그 이후에는 상대방의 행동을 자동적으로 조정할 수 있다는 것이다. 세 번째는 미끼 기법이다. 사람들은 어떤 일에 개입되면, 그들 스스로가 선택한 것에 대해 지지한다는 사실을 이용하는 것이다. 승낙이 이루어지고 나면 미끼를 제거하여 더 헌신적인 모습으로 만들면 된다.

③ 사회적 증거의 법칙 : 우리는 사람들이 좋아하고 옳은 일을 보면서 자신도 모르게 사람들이 하는 행동을 따라하게 된다는 것이다. 예를 들면, 첫 번째로 대부분 사람들이 하는 행동을 하게 되면 실수할 확률이 줄어든다. 두 번째로는 코미디 프로그램에서 가짜 웃음소리를 들려주는 이유는 사람들이 더 재미있게 생각하기 때문이다. 세 번째로는 유사성의 영향력이다. 이는 요즘에 유명인이 광고모델로 하는 상품도 많이 있지만 일반인을 광고모델로 사용하는 상품광고가 많아지는 맥락이다. 즉 우리와 비슷한 사람의 행동을 관찰할 때 그 효과가 가장 크게 나타난다는 것이다.

④ 호감의 법칙 : 우리는 우리의 활동과 직접적인 관련이 없는 개인적인 호감이 우호적인 결과를 가져오는 경향성이 있다는 법칙이다. 예를 들면, 미남, 미녀는 다른 사람의 관심을 끌기 쉽고 호의적인 대접을 받는 경우가 많다. 요즘 우리주변에 많은 외국인들이 있다. 그러나 우리는 피부색에 따라 대접하는 것이 달라진다. 이유는 후광효과로 설명할 수 있다. 후광효과란 어떤 사람의 긍정적인 특성 하나가 그 사람 전체를 평가하는데 결정적인 영향을 만든다는 이론이다.

⑤ 권위의 법칙 : 우리는 자신의 부모나 주변 어른, 선배, 직장상사, 대학교수 등 합법적인 권위에 복종하려는 경향이다. 예를 들면, 대학교수, 회사 사장, 의사, 판사, 검사 등과 같은 직업의 직함을 얻은 후에는 권위와 영향력을 행사할 수 있게 된다. 이는 직함은 권위를 대변해 준다는 것이다. 두 번째는 옷차림에 따라 대우가 달라진다. 유명 자동차매장에 양복을 입고 가는 것과 반바지에 티를 입고 가는 것에 따라 영업사원들의 태도가 다르게 나타난다.

⑥ 희귀성의 법칙 : 우리는 쉽게 가질 수 없는 것은 상대적으로 그 가치가 높다는 잠재인식을 가지고 있다. 예를 들면, 홈쇼핑의 매진임박, 식료품 매장에서 오늘 하루만 특별할인 판매에 사람들이 몰리는 경우다.

05 사회적 영향

1) 동조와 응종

동조(conformity)

① 동조의 개념 : 동조는 다른 사람들이 원하는 행동이나 기대에 자신의 행동이나 신념을 변화시키는 것이다. 즉, 우리는 친구가 원하는 영화를 함께 보는 행동을 하는 것이다.

- 동조는 문화권에 따라 의미가 다소 다르게 지각된다. 개인주의 문화권인 서양에서는 동조행동을 부정적으로 보는 경향이 있으나, 집단주의와 화합을 강조하는 동양에서는 긍정적으로 본다.
- 우리는 최근 유행하는 것에 대해서 따라 하는 경향이 있다. 이것 또한 동조현상으로 설명할 수 있다.

② Sherif의 규범형성 연구(1935, 1937)

- 자동운동현상[10](auto kinetic phenomenon)을 암실에서 실시한다.
- 피실험자 3명에게 불빛이 시지각장에서 움직인 거리를 측정하도록 한다.
- 불빛이 움직인 거리를 판단할 수 있는 기준이 전혀 없기 때문에 이동 거리를 추정하기가 매우 애매하다. 반복적으로 불빛의 이동 거리를 추정하게 한 결과, 초기의 추정치들 간에는 편차가 상당히 컸으나 차츰 편차가 줄어들어 평균에 근접하였다.
- 다음날 피험자로 가장한 2명의 실험협조자와 함께 3명이 동일한 과제를 다시 반복하였다. 실험협조자들은 사전지시대로 피험자의 판단과 상당히 차이나는 추정치를 당당하게 대답하였다. 피험자는 시행이 계속될수록 실험협조자들의 추정치에 점차 근접한 응답을 하였다. 즉, 피험자는 실험협조자들의 추정치를 판단기준으로 삼고 따랐던 것이다
- 다시 말해서 3인 집단 내에서 집단규범이 생겨났고 피험자는 그 집단규범에 동조하였다. 그리고 1년 후에 동일한 피험자들로부터 개인

10) 자동운동현상이란 암흑 속에서 정지된 광점이 움직이는 것처럼 보이는 착시현상

적 추정치를 다시 얻었는데, 여전히 1년 전의 집단규범과 거의 일치하는 결과를 나타냈다.

③ Asch의 집단압력의 연구(1955)

- 진실을 명확히 알 수 있는 상황에서도 과연 사람들은 다른 입장에 동조하는지 연구한다.
- 5명(4명은 피험자로 가장한 실험협조자이며 1명만 피험자)의 대학생 집단이다.
- 왼쪽에 샘플 직선이 있고 오른쪽에 길이가 다른 3가지 직선 중에 샘플과 같은 직선을 고르는 것이 있다.(아래그림)

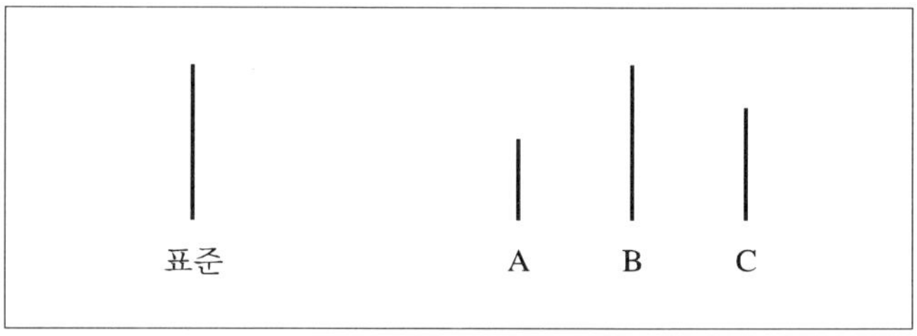

- 두 번을 반복해서 시행했고 모두가 정답을 제시했다.
- 세 번째 시행할 때 4명의 실험협조자 모두가 정답을 A라고 대답할 때 피험자는 매우 당황하면서 정답을 A라고 제시하였다.
- 이 실험에서 알 수 있는 것은 분명한 문제 정답을 알 수 있는 상황에서도 많은 사람들의 의견에 동조한다는 것을 알 수 있다. 즉, 사람들은 공적인 반응이 요구될 때는 자신의 소신과 일치하지 않는 경우라도 어쩔 수 없이 동조하게 되는 경우가 많다.

④ 동조하는 이유

- 정보적 사회영향 : 우리는 다수집단의 의견을 하나의 정보로 받아들여 자신의 생각을 수정하게 된다.
- 타인들로부터 얻은 정보를 진실이라고 받아들이게 하는 힘이다.
- 개인이 자신과 다른 의견을 마주하게 됐을 때, 체계적인 정보 처리 이론의 가정을 계기로 자신의 의견을 다시 체계적으로 처리하게 된다는 것이다.

- 우리는 애매한 상황일 때 그리고 자신의 판단에 자신감이 적을 때 타인의 정보를 신뢰하게 되고 동조하게 된다.
- 규범적 사회영향 : 집단이나 타인들의 기대에 따르도록 하는 힘이다.
  - 사회적인 체면에 대한 관심. 예를 들면 예식장에 갈 때 정장을 입고 가는 경우이다.
  - 다수 집단은 소수 집단에게 위협, 논쟁, 압력, 불평 등 다양한 책략을 사용하면서 소수 집단을 변화시키려고 한다.

⑤ 동조에 영향을 미치는 요인들

- 집단의 크기
  - Asch : 집단규모를 2명에서부터 16명까지 다양하게 변화시켜 실험해 본 결과, 집단크기가 3~4명일 때 최대의 동조효과를 얻을 수 있음을 발견한다.
  - Milgram, Bickman & Berkowitz(1969) : 하늘을 올려다보고 있는 집단의 인원이 많을수록 동조량이 곡선 형태로 계속 증가한다.
- 집단의 만장일치
  - 동조 실험에서 집단 내에 단 한 명의 이탈자라도 있으면 만장일치를 이룰 때보다 동조량은 1 / 4로 격감한다.
  - 이탈자가 자신의 생각과 다른 제 3의 대답을 할 경우에도 마찬가지로 동조량이 크게 떨어진다. 예를 들면, 독재자가 반대자를 가혹하게 탄압하며, 언론을 철저히 통제하는 이유, 만장일치가 되지 않을 때 동조 경향이 줄어드는 이유로는 첫째, 다수 의견에 대한 신뢰감이 떨어지며, 둘째 이탈자로 해서 개인 판단의 자신감이 증가하고, 셋째 혼자 이탈자가 될지도 모른다는 두려움이 감소하기 때문이다.
- 응집력(cohesion) : 집단구성원들이 상호간의 매력 등에 의해서 결속된 정도를 말한다. 사람들은 자신이 사람들로부터 거부당하는 것을 원치 않기 때문에 집단의 응집력이 높을수록 구성원들에 대한 동조 압력이 높으며, 구성원들도 집단의 영향에 더 잘 순응한다. 예를 들면, 직장에 애정을 느끼지 못해서 언제라도 그만둘 각오를 하고 근무하는 사람은 직장 내의 규정이나 규범을 굳이 잘 지키려고 노력하지 않을 것이다.

- 지위 : 지위가 높은 사람들은 일반적으로 보다 큰 영향력을 가지는 경향이 있어서 낮은 지위를 지닌 사람들보다 동조를 더 쉽게 유도한다. 예를 들면, Walker, Hariman과 Costelo(1980) : 거리의 보행자들은 볼품없게 차려입은 조사원보다 잘 차려입은 조사원의 요구에 더 잘 응했다.
- 문화 : 일반적으로 아시아와 아프리카 등 집단주의 문화권에서의 동조량이 북미와 서유럽과 같은 개인주의 문화권에서의 동조량 보다 더 크다. 예를 들면, Bond와 Smith(196) : 애쉬 유형의 동조행동에 관해서 동서양 17개국에서 행해진 13개의 실험연구 결과들을 종합한 결과, 개인주의 점수와 동조량 간에 강한 부적 상관. 조긍호와 김은진(201) : 한국의 고교생과 대학생들 중 집단주의 성향을 지닌 학생들이 개인주의 성향을 지닌 학생들보다 더 많은 동조행동이다.

응종(compliance)

① 응종의 개념 : 타인의 부탁에 의해 자신의 생각이나 행동을 타인이 원하는 방향으로 바꾸는 것이다.

② 응종을 이끄는 방법

- 타인의 기분을 좋게 만들어준다.
- 문간에 발 들여놓기 : 쉬운 부탁 먼저 하면 어려운 부탁도 할 수 있다.
- 문전박대 유도 : 어려운 부탁을 먼저 해서 상대방이 거절 후에 작은 부탁을 하면 상대방은 미안해서도 부탁을 들어준다.

③ 사회적 세력 기반 6가지 유형

- 보상(rewards) : 긍정적인 결과를 제공할 수 있는 능력이다.
(예를 들면, 교수가 사회봉사활동하는 학생에게 학점을 잘 주면 학생들은 봉사활동을 한다.)
- 강압(coercion) : 요구에 따르지 않을 경우 처벌할 수 있는 능력이다.
(예를 들면, 교수가 출석을 잘하지 않는 학생에게 학점을 F를 주는 행위)
- 합법적 권위(legitimate authority) : 사회적으로 합법적으로 인정된 권한으로 타인의 행동을 통제하고 요구할 수 있는 행위이다.
(예를 들면, 교수가 학생들의 학습에 관해 통제하는 행위)
- 전문성(expertise) : 전문지식, 경력 및 기술이다.(예를 들면, 교수, 의사, 판검사 등)

- 준거세력(referent power) : 타인을 존경하고 동일시 대상으로 여기는 행위이다.(예를 들면, 타이거우즈의 골프화를 똑같이 신는 팬, 사회적으로 존경할 사람과 동일시하기 위해서 그대로 노력하는 사람)
- 정보(information) : 바른길로 갈 수 있도록 정보나 논리적 주장을 제공하는 행위이다.(예를 들면, 자신이 좋아하는 여학생의 취미를 알려주는 친구, 레포트 오류를 알려주는 친구)

2) 집단 속의 개인

집단 규범(Group norm)

① 집단개념 : 특정한 목적을 위해 상호의존적이고 특정 구성원 각자에게 독특한 역할이 주어지는 사회적 시스템(Alderfer, 1977)이다.

- 집단구성원
  - 집단구성원과 외집단의 경계를 인식한다.
  - 구성원끼리 공동목표를 공유하고 상호의존적인 관계를 형성한다.
  - 집단 내 조직적이고 예측 가능한 방식으로 상호작용 한다.
  - 구성원들은 집단을 실체로 인식한다.
- 집단구조는 집단 안에서 이루어지는 구성원 사이의 안정된 관계이다.

② 집단규범

- 집단 구성원의 행위에 대한 규칙이다.
- 집단 내 지켜야 할 가치 판단의 기준이다.
- 집단 구성원 내 공유되는 공식적인 규칙(명시적 규범)이다.
- 어떤 기준에 도달할 때 까지 서로 맞추어 가므로 규범에 의해 통제된다는 것을 인식하지 못할 수도 있다.(암묵적 규범)

집단사고의 3가지 조건

① 집단내의 높은 응집력(high group cohesiveness)

② 집단의 구조적 문제들로, 외부의견으로 부터의 집단의 고립(insulation of group from outside opinions), 지시적인 리더(directive leader)

③ 위기 상황(crisis situation)으로 외부 위협으로부터의 강한 스트레스나 리더의 의견 외에는 더 나은 해결책의 부재 상황이다.

집단사고(Group Thinking)

① 집단사고란 집단 내 구성원들 간에 존재하는 것으로 집단 의사결정을 할 때 그릇된 일치화 효과(false consensus effect)경향을 일컫는다.

② Janis(1983)는 집단내의 압력으로 인해 정신적 효율성과 현실 적합성 및 도덕적 판단이 결함되고 이런 상태에서 의사결정을 하는 것을 일컫는다고 했다.

③ 집단사고란 결속력이 높은 소수의 의사결정집단이 대안에 대한 분석과 이의 제기를 억제하면서 공동의 합의를 쉽게 이루려고 하는 왜곡된 사고유형을 의미한다.

④ 집단사고는 영리한 사람들이 모여서 바보 같은 결정을 내리는 것을 가리키는 말이다. 예를 들어, 미국의 Kennedy 대통령은 1961년에 쿠바에서 추방된 쿠바인들을 군사 훈련시켜, 당시 대치상태에 있던 쿠바 공격을 감행하였다. 이 작전의 목적은 미군의 직접 침공이 아닌, 쿠바인에 의한 내전 형식으로 쿠바 정부를 전복시키는 것이었다. 미국의 의사결정자들은 열띤 토론 끝에 쿠바의 Bay of Pigs라는 곳을 침공 지점으로 정하고 쿠바 추방인 들을 상륙시켰지만, 2일 만에 모두 포로로 잡혀, 이 작전은 완전한 실패로 돌아갔다. Bay of Pigs는 늪지대였다. 군사작전의 전문가들이 모여 수개월간 침공 작전을 수립했지만 왜 하필 늪지대를 침공지로 선택하고, 결국 작전을 실패하게 했을까?(이영범, 2015).

⑤ 집단 상호 간에 상호 건설적인 비판을 무제한으로 허용하는 개방적인 분위기를 유지하는 것이 필요하다. 이것은 하나의 문화로서 정착되는 것이 가장 좋으며 가능하다면 집단 구성원 중 한 사람을 지정하여 토론 시 비판자의 역할을 하도록 할 필요가 있다. 예를 들면, 2003년 2월 1일에는 지구로 귀환하던 Columbia호가 대기권에 진입하면서 폭발하는 사고가 발생하였다. 이 사고로 Columbia호에 탑승했던 7명의 우주비행사가 모두 희생되었다. 발사 당시 왼쪽 날개에 생겼던 작은 구멍이 그 원인으로 밝혀졌다. 그러나 놀라운 사실은, 당시 엔지니어 중의 한 사람이었던 Rodney Rocha가 그 작은 구멍이 치명적인 위험을 초래할 수 있음을 주장하고, NASA에 6～7차례 문제를 제기했다는 점이다. 그러나 그의 주장은 관리자들에 의해 철저히 무시되었고, 일부 관리자는 그를 겁쟁이(Chicken Little)라고

부르기까지 했다. 즉, 참사의 진정의 원인은 기술적인 문제가 아니라, 경직되고 비소통적인 조직문화와 그로 인한 집단사고에 있었음이 밝혀졌다

3) 집단극화와 군중심리

▌ 집단극화(Group Polarization)의 개념

① 집단 상호작용 이후 개인들의 '반응 평균'이 상호작용 이전의 '반응 평균'과 동일한 방향으로 더 극단화되는 현상이다.
② 사람들은 개인일 때 보다 집단으로 의사결정을 내릴 때 더 과격해진다.
③ 극화(polarization)는 집단 속의 개인이 이미 선택한 방향의 극(polar) 쪽으로 옮겨가는 것이다.

▌ 집단극화 현상

집단에서 의사결정을 할 때 개인이 혼자 하는 것에 비교해서 더욱 보수적이거나 모험적인 방향으로 쏠리는 현상. 집단극화의 이유는 새로운 정보의 영향과 집단 규범에의 동조이다.

▌ 군중심리(Crowd Mind)의 의미

① 군중이란 불특정 개인들의 집합체이다.
② 심리학적 관점에서 군중은 오직 어떤 특정 상황에 처한 인간들의 집합체이며 의식을 지닌 인격체는 사라지고 개인들의 감정과 생각은 전부 한 방향으로 정렬되어, 일시적인 매우 명확한 특성을 나타내는 하나의 집합적 구성이다.

▌ 군중 특성의 요인

① 군중 속 개인은 자신이 다수 안에 포함되어 있다는 사실만으로 마치 아무도 거역할 수 없는 힘을 지닌 것처럼 느끼게 된다. 익명성은 인간의 방종을 저지하는 책임감을 완전히 소멸시키기 때문에 군중 속 개인은 더욱 더 제멋대로 행동하게 된다.
② 정신적 전염이다.
③ 군중은 특정한 능력들이 파괴되는 동시에 다른 능력들은 극단적 흥분 상태로 강화된다. 예를 들면, 집단폭동, 파괴 등을 일으키는 현상이다.

06 사회적 관계

1) 호감과 사랑

호감

① 신체적 매력

- 아름답고 예쁜 사람을 보거나 관계를 맺는 것은 즐거운 일이다.
- 얼굴이 아름다운 사람은 따뜻하고 친절하며 자신감이 있다는 고정관념이 있다.
- 몸짱은 사람들에게 매력적이고 사회경제적으로도 유리하다.
- 신체적 매력의 기준은 과연 무엇인가?
  - 문화보편적 특성은 얼굴의 대칭성, 유전적, 신체적, 정신적 건강과 연관성
  - 문화 특수적 특성은 날씬함과 풍만함, 동양적 미인, 서양적 미인으로 구분

② 근접성의 효과(Proximity effect)

- 가까이 있으면서 자주 만나는 것만으로도 친근감을 느끼고 호감을 느낀다.
- 물리적으로 가까이 있는 사람과 친해지는 것이다.
- 단순노출효과는 어떤 사물이나 사건 혹은 사람에게 자주 노출될수록 그것을 좋아하게 되는 현상이다.
- 왜 사람들은 가까이 자주 만나는 사람에게 매력을 느낄까?
  - 사람들은 타인과의 상호작용을 통해 세상을 이해할 수 있다고 믿음이다.
  - 타인과 함께 할수록 즐거운 일이 많고 고민을 터놓으며 자신의 상황을 이해하고 대체방안에 대해 생각할 수 있도록 한다.
  - 타인과의 상호작용을 통해 연결되어 있다는 느낌을 받는다.

③ 유사성

- 사람은 자신과 비슷한 사람에게 이끌리는 이유는 상호작용할 기회가 주어진다.(예를 들면, 동호회모임, 스터디모임 등 관심사가 유사한 곳에서 상호작용이 일어난다.)
- 비슷한 사람들은 서로의 의견에 대해 공감과 강화를 주고받으면서 긍정적인 체험을 경험하게 된다. 이는 비슷한 사람들은 자신의 신념

과 타당성을 뒷받침해주기 때문이다.

- 우리는 상대방에 대한 긍정적인 기대가 친교행동을 촉진한다고 믿는다. 이는 비슷한 사람들은 서로가 호의적일 것이라고 기대하기 때문이다.

④ 보상성

- 우리는 자신에게 보상이나 강화를 주는 사람을 좋아한다.
- 우리가 살아가는 동안 인간관계에서 주고받는 보상들은 다음과 같다.
  - 호감과 애정은 나를 좋아하고 인정해 주는 사람에게 느낀다.
  - 즐겁고 재미난 대화나 같은 취미를 공유하는 시간을 보내는 것이다.
  - 정신적, 물질적 도움을 받는 것이다.
- 보완성(complementariness)은 자신의 특성을 보완해줄 수 있는 사람에게 매력을 느끼는 것이다.(예를 들면, 남성은 젊고 아름다운 여성을 선호한다, 여성은 자신보다 약간 나이가 많은 남성을 선호한다.(Buss, 1999)

사랑

① Lee의 사랑의 유형

- 에로스 : 육체적으로 끌림과 뜨겁고 열정적인 사랑(첫눈에 반하는 등)
- 루두스 : 유희적 사랑으로 사랑을 마치 게임처럼 생각한다.
- 스토르게 : 우정적인 사랑
- 프래그마 : 논리적 사랑으로 자신과 조건을 알맞은 상대방을 찾는 유형
- 마니아 : 소유적인 사랑으로 집착, 의존적, 상대방을 소유하려는 유형
- 아가페 : 이타적 사랑으로 헌신적이며 자신보다 상대방을 더 생각하는 유형

② 스텐버그(Sternberg)의 사랑의 삼각형 이론

- 사랑의 3가지 구성요소

  Sternberg는 사랑이 친밀감, 열정, 투신이라는 세 가지 요소로 구성되어 있다고 주장한다.

  - 친밀감(intimacy) : 친밀감은 가깝고 편하게 느낌, 서로를 잘 이해함, 함께 공유함, 원활한 의사소통, 긍정적인지지 등을 의미한다. 친밀감은 사랑의 '따뜻한' 측면으로서 사랑이 따뜻하고 푸근하게 느껴지는 것은 이러한 친밀감 때문이다.

- 열정(passion) : 사랑의 동기적 측면을 이루는 것이 열정이다. 사랑의 '뜨거운' 측면이다. 열정은 연인들을 생리적으로 흥분시켜 들뜨게 하고 사랑하는 사람과 함께 있고 싶고 일체가 되고 싶은 강렬한 욕망을 불러일으킨다.
- 투신(commitment) : 투신은 상대방을 사랑하겠다는 결정과 행동적 표현을 의미한다. 투신은 사랑하는 사람과의 사랑을 지키겠다는 선택이자 결정이며 책임의식이기도 하다. 이러한 투신은 사랑의 '차가운' 측면을 반영하는 동시에 사랑의 인지적 측면을 나타낸다.

③ 이상 성행위의 유형

- 관음증(voyeurism) : 이상 성욕의 하나로 남의 알몸이나 성교하는 장면을 몰래 훔쳐봄으로써 성적 만족을 얻는 증세, 절시증이라고도 한다.
- 마조히즘(masochism) : 변태성욕의 하나로 이성으로부터 학대받음으로써 성적 쾌감을 느끼는 상태. 피학대 성욕 도착증, 피학대 음란증
- 페티시즘(fetishism) : 이상 성욕의 하나로 이성의 몸의 일부, 옷가지, 소지품 등으로부터 성적 만족을 얻는다.
- 기아증(pedophilia, 소아 성애증) : 13세 이하의 소아에게 성적인 흥분과 성관계, 성적 접촉을 즐기는 이상 성욕을 말한다.

2) 편견, 고정관념 및 차별

편견

① 편견(prejudice)의 개념

- 편견은 타인 또는 사회집단에 대해 부정적 고정관념을 갖고 그 사람이나 집단에 대해 비호의적인 태도나 신념을 말한다.
- 특정 집단에 소속된 사람들에 대해 그 집단 명칭에 의거해 부정적인 평가를 한다.(예를 들면, 일간베스트 사이트 회원, 폭력조직 등)

② 편견의 세 가지 종류

- 공공연한 편견 : 대외적으로 특정 집단이나 대상에 대해 편견어린 말과 행동, 태도를 서슴지 않는 것이다.(예를 들면, 여론조사에서 인종적 분리주의를 주장하거나, 흑백 결혼을 지지하지 않는다고 직접적으로 응답하는 경우가 있다.)

- 암묵적인 편견 : 겉으로는 편견을 거부하는 것처럼 처신하지만, 다른 동기로 위장이 가능하다면 편견어린 태도를 보이는 것이다.(예를 들면, 흑인 이름이 적힌 투고 글에 대해서 현저히 신랄한 비판을 하거나, 가능한 한 유별나게 비판을 꺼리려는 태도를 보이는 경우가 있다.)
- 자동적인 편견 : 암묵적인 편견까지도 드러내지 않지만, 뇌와 지각(perception)의 차원에서 편견이 드러나는 것이다.(예를 들면, 흑인의 무표정한 얼굴들 속에서 더 자주 "화난 얼굴"을 찾아내거나, 흑인이 들고 있는 물건들을 총이라고 자주 오지각하는 경우가 있다.)

③ 집단역학과 편견

- 집단역학(group dynamics)은 일정한 사회적 상황에서 집단성원들 사이에 존재하는 상호작용, 힘의 형성 및 관계를 나타낸다.
- 편견은 현실적 집단 갈등 이론에서 두 집단 간에 한정된 자원을 놓고 벌이는 경쟁과 갈등으로 인해 나타나는 피할 수 없는 결과이다.
- 집단역학과 편견을 동조의 과정에서 바라보면 집단내 사람들은 다수의 집단의 영향력에 굴복하여 다수의 의견에 편승하는 경향이 있다. 이러한 집단 내 구성원들 사이의 편견은 극도로 심화되고, 밖으로 나타나는 차별 행위를 동기화시키기도 한다.

④ 편견의 감소방안

- 편견을 감소하기 위해서는 애당초 편견을 가르치지 않도록 해야 한다.
- 집단간 직접 접촉은 고정관념과 불일치하는 정보에 노출시키므로 고정관념을 타파하고 상대 집단에 대한 호감을 증가시킨다.
- 편견 해소를 위한 4가지 조건은 다음과 같다.
  - 일시적이고 한 두 번 보는 피상적인 접촉은 효과 없으므로 지속적이고 긴밀한 접촉을 한다.
  - 공동의 위협에 대처하거나 공동의 목표를 달성하기 위해서 단결할 때 효과적이다.
  - 양 집단의 동등한 지위의 접촉이 필요하다
  - 평등을 지지하나는 사회적인 규범 분위기를 만들어야 한다.

고정관념과 차별

① 고정관념(stereotype)

- 고정관념은 우리가 특정한 집단 범주에 대해 가지는 일반적이고 추

상적인 지식이다. 이를 다시 말하면 고정관념은 어떤 집단 범주에 속해 있는 대상에 대하여 사람들이 미리 가지고 있는 지식과 신념을 가리킨다.

고정관념	편견
• 어떤 사회집단에 대한 인상과 지식 • 인지적 부조화	• 어떤 집단의 부정적 내용의 고정관념 • 평가적 부조화

- 고정관념은 주로 인지적 부조화 해소 측면에 관한 것이지만, 편견은 어떤 집단 또는 대상에 대한 평가적 부조화를 동반한다.

② 차별(discrimination)

- 차별은 편견을 토대로 특정 사회집단에 대해 불이익을 주거나 그 집단을 회피하는 행동이며, 이는 외현적 행동으로 나타난다.
- 편견은 차별의 기초가 되는 것이고, 그 집단과 집단에 속한 구성원들을 대하는 상황에서 부정적 평가의 작용을 통해 차별 대우가 발생한다.

언어 및 사고

01 언어와 사고

언어는 인간이 필요에 의해서, 타인과 소통하기 위해서 인지의 내용을 상징의 형태로 표현한 도구로서 자신의 생각 내용을 다른 사람에게 전달하거나 다른 사람으로부터 전달받을 수 있는 기능의 역할을 수행한다. 사고는 언어나 심상을 활용하여 정보에 대한 의미를 체계화하고, 논리화하여, 판단이나 결정을 하는 문제해결과정을 수행하는 역할을 한다. 언어를 습득하게 되는 과정과 환경적 영향이 언어 습득과 사용에 영향을 파악하는 것은 중요하다고 볼 수 있다.

02 언어구조

언어는 문법에 의해서 구성된 체계적인 규칙체계를 가지고 있다. 문법은 위계적으로 구성된 체계로, 음운 및 철자, 통사, 의미의 세 수준이 있다.

1) 음운과 철자

음운은 말의 뜻을 구별해주는 소리의 최소 단위를 의미하며 음운의 기능은 의미를 분화하는 것이다. 음운은 분절적 음운(자음과 모음)과 비분절적 음운(장단, 강세)으로 구분된다. 음운과 철자는 청각언어에서는 음운구조가 적용되고, 시각 언어에서는 철자 구조가 적용된다는 점에서 체계의 적용이 다르다고 할 수 있다. 이러한 음운구조와 철자구조는 단어를 형성하는 하위구성소가 된다.
음운과 철자체계는 청각적 혹은 시각적으로 언어를 소통하기 위한 문법 규칙을 의미한다.

음소는 말소리의 최소 단위로, 자음과 모음으로 나눌 수 있으며, 자음과 모음의 수는 언어에 따라 차이가 존재한다. 음소의 소리 표상인 음운은 언어의 형태로 발성할 수 있으며 우리나라 말은 24개의 기본 자모로 구성되었는데, 이 중 자음은 14개이고 모음은 10개다. 발음이 가능한 음운은 자음 19개와 모음 21개로 모두 40개의 음운으로 구성된다.

2) 문장 구조

문장이란 생각이나 감정을 단어로 의사를 전달하는 최소단위를 의미하여 문법단위로는 어절, 구, 절이 있다. 어절은 문장구성의 기본 문법단위이고 구는 둘 이상의 단어가 모여 하나의 단어와 같은 기능을 하는 문법단위를 의미한다. 그리고 절은 주술관계가 있는 두 개 이상의 어절이 합쳐져 하나의 의미단위를 구성하는 것을 의미한다.

03 언어이해

심리학의 관심은 언어의 구조보다는 언어가 정보로써 이해되고 산출되는 과정에 있다고 할 수 있다. 언어의 처리과정은 언어가 인지체계에 입력되면서 발생하는 심적 변화의 과정이라고 할 수 있다. 언어 단위인 음절, 단어, 문장 등이 인지체계에서 과연 어떠한 방식으로 처리되는 지를 밝히는 것이 심리학에서의 주요 관심사라고 할 수 있다.

04 언어처리과정

과학자들은 언어를 이해하고 생산하는 부분인 뇌의 왼쪽 반구가 어떻게 언어를 이해하고 만들어내는지에 관한 처리과정에 대해 연구를 하고 있다. 아리조나 대학 언어청각학과 교수인 윌슨은 동료연구자들과 함께 언어처리과정에서의 중요한 연결경로를 발견하였고 브로카의 영역과 베르니케 영역의 두 가지 뇌 영역이 컴퓨터 서버를 연결하는 광섬유 케이블과 같은 역할인 언어처리를 담당하는 역할을 한다는 사실을 발견하였다.
윌슨 박사팀은 여러 종류의 퇴행성 신경질환으로 인해 발생한 언어장애 환자들을 대상으로 뇌 영상과 언어테스트를 통하여 두 가지 경로의 역할을 풀어가고 있다.

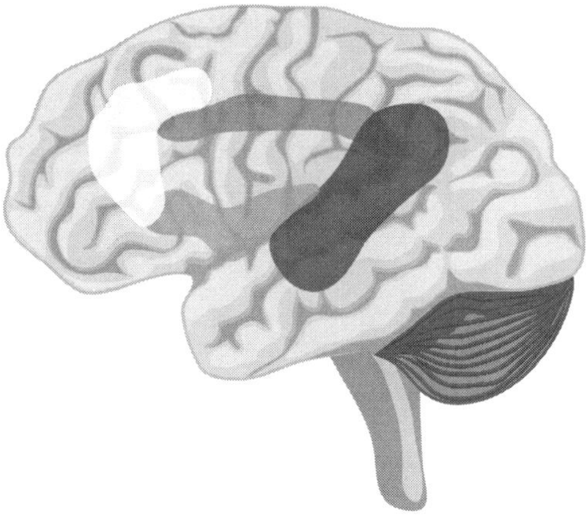

1) 말소리 처리과정

인간은 태어날 때부터 다른 소리보다도 언어를 구성하는 말소리에 특히 민감하다고 한다.

2) 단어 처리과정

단어는 언어 이해의 기본단위로서 단어처리과정은 다음과 같다.

① 단어재인(word recognition) : 단어 재인 기술이란 시각적으로 제시된 단어를 부호화하고 그것을 말소리로 바꾸고 그 말소리에 해당하는 단어를 우리가 알고 있는 기억에서 탐색하여 그 단어의 의미와 연결 짓는 것을 말한다. 난독증은 이러한 기능이 제대로 작동하지 않아 문제가 따른다. 난독증을 겪고 있는 아이들의 다수의 공통적인 문제는 단어재인 기술에 문제가 있다. 즉, 원활한 읽기를 위해서는 시지각, 청지각, 신경학적 정보처리, 작업기억 등 두뇌에서 언어정보 처리과정이 원활해야 한다.

② 어휘접속(lexical access) : 단어와 관련된 의미 정보를 활성화하는 과정을 의미한다.

③ 어휘해석(lexical interpretation) : 단어가 맥락에 따라서 해석되는 것을 의미한다.

3) 통사 처리과정

단어와 단어가 연결된 것이 문장인데, 언어의 이해는 바로 이러한 문장의 의미를 파악하는 것이라고 할 수 있다. 문장을 이해하기 위해서는 개별 단어의 의미, 개별 단어의 통사적 범주 정보, 의사소통적 상황, 문장의 복잡성 등 다양한 지식과 과정이 필요하다고 할 수 있다. 그런데, 그 중에서도 단어가 결합되는 구조적인 관계를 계산해내는 '통사 처리과정'은 정확한 의미파악을 위해 필수적이라고 할 수 있다.

05 언어산출

우리의 말이 과연 어떠한 과정을 통해서 산출되어지는지, 말 산출의 과정에 대해서 살펴보도록 한다. 크게 보면, 말 산출의 과정은 개념화 단계, 형상화 단계, 그리고 조음화 단계를 거치게 된다.

① 개념화 단계 : 생각이나 의도를 개념화하는 단계라고 할 수 있다.
② 형상화 단계 : 의도되어진 생각이라고 할 수 있는 메시지를 언어적인 형태로 전환하는 과정이라고 볼 수 있다.
③ 조음화 단계 : 조음이나 음소 수준이 포함되어지며, 화자의 의도된 내용이 외현적인 발화의 형태를 구성하게 된다.

06 언어와 사고에 관한 심리학 이론들

사고는 심리학에서 다루는 중요한 주제이다. 이러한 사고가 언어로 표현되는 이유 때문에 심리학자들은 인간 개개인의 마음상태와 행동 양상을 이해하기 위하여 언어에 관심을 가지고 연구를 진행하여 왔다.

1) 행동주의자

1940년대와 50년대에 지배적인 영향력을 행사했던 행동주의자들은 언어를 조작적 조건형성의 원리에 의해 습득한다고 주장한다.

스키너의 주장에 따라 언어를 모방, 강화, 조성, 소거와 같은 조작적 조건형성의 원리를 통하여 습득한다고 설명한다. 따라서 언어의 질과 양, 환경이 중요하다고 강조하였다.

스키너 ▶
Burrhus Frederic Skinner

2) 생득론자

촘스키와 같은 생득론자들은 선천적으로 언어 학습을 촉진시키는 언어 습득 장치가 있기 때문에 언어를 배울 수 있는 능력을 타고난다고 주장하였다. 이를 생득주의라고 하였으며 행복주의의 한계점을 극복하려고 하였다. 따라서 생득론자들은 인간의 언어 발달을 선천적이고 생물학적으로 설명하였다. 또한 언어를 습득하는 과정에서 결정적 시기가 존재한다는 사실은 생득론적 관점에서 부합하는 설명이라고 할 수 있다.

촘스키 ▶
Avram Noam Chomsky

3) 언어상대성(linguistic relativity)이론

사피어(Edward Sapir)와 그의 제자 워프(Benjamin Whorf)가 주장한 언어상대성이론에서 언어란 생각을 표현하는 도구일 뿐만 아니라 생각을 형성하는 도구도 된다고 설명한다. 사용하는 언어가 다르면 그에 대응하여 사고방식이나 세계관도 다르다. 예를 들어, 무지개의 빛깔의 수가 몇 개냐 하느냐는 것은 언어권에 따라 다르다. 우리는 보통 일곱 빛깔 무지개라고 생각하지만, 무지개의 빛깔을 두개로 인식하는 나라도 있고, 네 개로 인식하는 나라도 있다. 그런데 무지개는 실제로 연속적인 빛깔의 스펙트럼으로 이루어져있다. 하지만 이렇게 다르게 인식하는 현상이 나타나는 이유는 언어가 무지개의 빛깔을 몇 개로 분절하느냐에 따라서 색을 인식하는 것도 달라지기 때문이다. 언어상대성이론에서는 언어 간의 어휘나 통사의 차이가 인지적 차이로 나타난다고 주장한다.

(좌) 사피어 ▶ Edward Sapir
(우) 워프 Benjamin Lee Whorf

4) 상호작용적 관점

언어발달에서 환경적 요인이나 유전적 요인 중 어느 하나를 중요시하는 것이 아니라, 인지과정을 강조하는 입장이다. 즉, 상호작용적 관점에서 언어는 독립된 능력이 아니라, 인지발달의 결과로 나타나는 일반적인 인지능력 중 하나라고 주장한다. 또한 상호주의자들은 부모가 자녀들의 언어 습득 과정을 발달단계에 맞추면서 언어적 상호작용을 진행한다는 사실을 강조하였다. 이와 같이 상호작용적 관점에서는 언어를 학습하는 사람의 능력에 맞춘 언어를 강조하였다.

일반적으로 언어와 인지의 관계에 관한 이론은 피아제(Piaget), 비고츠키의 이론이 대표적이다. 피아제는 인지발달이 언어사용에 영향을 미친다고 본 반면 워프는 언어가 인지에 영향을 미친다고 생각하였고 인지발달은 아이와 환경과의 상호작용이 수반되어야 한다고 설명하였다. 비고츠키는 인지가 언어보다 선행하지만 다시 인지는 언어적 구조에 의해 영향을 받는다는 입장을 취하고 있다.

피아제 ▶
Jean Piaget

07 개념과 범주화의 구조에 관한 심리학 이론들

개념과 범주화는 지식표상의 기본단위이며, 개념은 사고의 기본단위이다. 또한 개념은 어떠한 사물이나 사건에 관해 생각하고 분석하는데 있어 핵심을 이해하는 것에 매우 중요한 요소이다. 핵심은 대상의 본질을 대표하는 중심적 아이디어이며 사고의 출발선이다. 바로 그 핵심에 대한 분석적인 기초가 개념이다. 범주화는 유무형의 대상을 비슷한 유형이나 속성끼리 범주로 할당하는 사고의 과정으로 연상에서 매우 중요하게 다루어지고 있다. 또한 범주화는 정보처리의 근간이 된다. 그리고 개념과 범주화는 서로 상보적인 관계라고 할 수 있다.

1) 가족유사성 이론(family resemblance theory)

가족 유사성이란 개념이 단순한 속성의 집합 이상으로 가장 전형적인 원형을 중심으로 구성되어 있는 것을 의미하며, 범주의 개개 구성원의 속성을 전체 구성원이 공유하고 있는 것은 아니라는 것을 뜻한다.(Rosch, 1973)

2) 원형(prototype)이론

원형이란 어떤 항목을 그 항목이 속한 개념 범주의 중심부에 자리 잡고 있어서 그 개념을 가장 잘 대표하는 항목을 의미하며, 개념의 세부특징에 의해 결과가 구성되고, 필요충분조건을 정의하는 규칙에 의해서 구성되지는 않는다고 주장하는 이론이다.

3) 본보기 이론(exemplar theory)

본보기 이론에서는 개념은 원형처럼 추상화된 요약 정보가 아니라 본보기들로 표상된다고 주장한다. 주어진 어떤 사례가 범주의 본보기로 사용되느냐를 상세히 규정하기 어렵다는 문제점이 있으나, 범주의 새로운 사례와 다른 사례가 얼마나 유사한지에 대한 반응과 기억을 비교함으로서 범주화를 한다.(Medin, 1978)

08 문제해결

문제해결은 목표를 성취하기 위한 전략을 구성하고 다양한 전략 중에서 목표에 적절한 전략을 선택하는 심적 과정을 의미한다. 문제해결단계는 문제 확인, 문제표상, 계획 수립, 계획 실행, 계획 평가, 해결책 평가의 6단계로 나누어 볼 수 있다.(Hayes, 1989)

1) 수단목표 분석(means-ends analysis)

현재 문제 상태와 원하는 목표 상태 사이의 차이를 결정하고 이러한 차이를 줄이기 위한 수단이나 방법들을 선택한다.

2) 유추문제해결(analogical problem solving)

유추문제해결 방법에서 추론은 널리 사용되는 강력한 과정으로 비교하고 있는 물체들이나 사건들 간에 대응하는 구조나 기능을 밝힘으로써 문제를 해결하는 유용한 해결책이다. 현재의 문제에 해결책을 활용하여 문제해결을 시도한다.

3) 창의성과 통찰

창의적 문제해결의 5요소인 ① 동기, ② 일반적 지식과 기능기반, ③ 특정 영역의 지식과 기능 기반을 바탕으로 문제를 새롭게 정의하고 새로운 해결책을 찾아가는 ④ 확산적 사고와 ⑤ 비판적 사고를 활용하여 문제해결을 시도해 나는 과정을 창의적 문제해결이라고 한다. 창의적 문제 해결의 요소는 다음 그림과 같다. 그리고 기능적 고착에서 벗어나 새로운 사태에 직면하여 의미를 재조직화 함으로써 문제 해결을 시도하는 것을 통찰이라고 한다.

창의적 문제해결의 요소 ▶

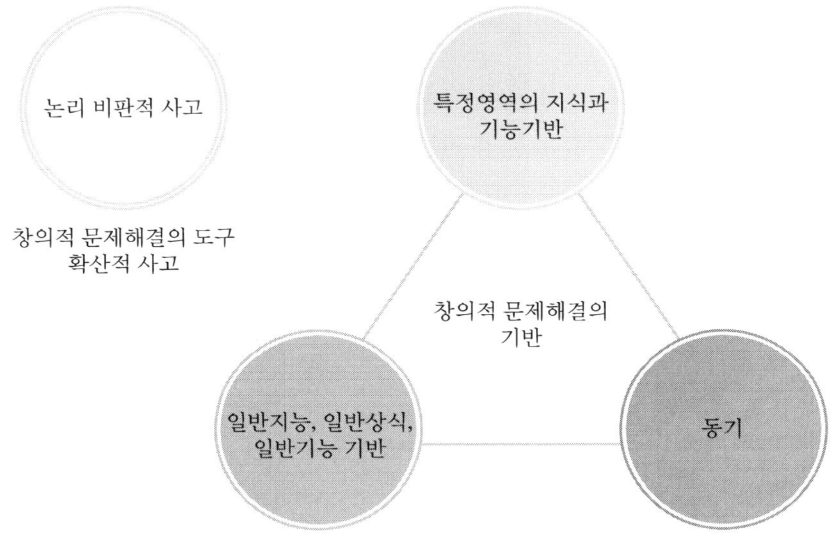

4) 기능적 고착(functional fixedness)

특정한 대상이나 생각에 집착하여, 사고할 수 있는 해결책을 제한하며, 사물의 기능을 고정된 것으로 지각하는 경향에서 벗어나지 못하는 것을 의미한다.

스트레스 대처

01 스트레스

1) 스트레스의 정의

stress는 '바짝 잡아당기다'의 의미의 라틴어 'stinger'에서 유래하여, 19세기 이전까지는 고난, 억압, 역경 등 다양한 의미로 사용되었고, 현재의 스트레스에 대한 개념은 공합, 물리학, 생물학, 심리학, 경영학 등을 비롯한 많은 학문 분야에서 사용되고 있기에, 스트레스에 대한 정의가 다양하다. 일반적으로 스트레스는 환경 변화(또는 자극)에 대한 반작용으로 인해 발생하는 조직구성원의 생리적 변화(혈압, 심박동수, 호흡 횟수의 증대 등)·심리적 변화(불안, 초조, 긴장, 걱정, 경계심의 증대 등)와 특정 구성원의 능력이나 자원의 한계를 벗어나는 위협적인 환경적 요구에 직면할 때 경험하게 되는 긴장상태를 의미한다.

특정 자극으로 보는 견해

① 연구초기 스트레스를 개인에게 영향을 주는 외부의 특정 자극이라는 점에 초점

② 스트레스란 '개인의 육체적·심리적 안정성을 해치는 부정적 환경 특성들'이라고 정의한다.

③ 환경적 특성들에는 업무과다, 역할 갈등, 역할 모호성, 비우호적인 작업 조건 등을 포함한다.

▌ 특정요구나 자극에 대한 반응으로 보는 견해

① 스트레스란 '개인에게 위협적으로 여겨지는 또는 역기능을 제공하는 환경의 여러 특성들에 대한 개인의 육체적·심리적 반응'이라고 정의한다. 육체적·심리적 반응은 자신의 정체성·항상성을 유지하기 위함이다.

▌ 유기체(조직구성원)와 환경 간의 상호작용에 대한 지각으로 보는 견해

① 스트레스를 광의적으로 해석하고 있는 입장(오늘날 대부분의 학자들의 견해)

② 학자들의 공통적인 견해

- 환경과 개인 간의 관계가 부적합할 때
- 개인의 요구(또는 욕구)가 환경적 제약에 부닥쳤을 때
- 환경의 요구가 특정 개인의 능력이나 자원의 한계를 초과할 때
- 위협적 환경에 직면했을 때

→ 발생되는 반응

2) 스트레스의 증상

▌ 개인적 증상

① 생리적 변화

- 신진대사상의 변화, 혈압이나 심장박동수의 상승, 긴장·두통 등의 증가
- 호흡 횟수나 한숨 쉬는 횟수의 증가 등

② 심리적 변화

- 불만 고조, 사소한 일에 분노 표출, 신경쇠약, 우울증, 초조, 심리적 무기력, 기억력 감퇴, 자기 비하, 뇌기능 저하 등

③ 습관이나 행위상의 변화

- 거식증 또는 폭식증, 불면증, 흡연이나 음주 습관의 변화, 약물 남용을 비롯해 의상이나 헤어스타일의 급작스러운 변화 등

▌조직 관련 증상

직무 만족, 직무몰입, 조직몰입 등이 있다.

① 직무 스트레스와 직무 만족과의 관계에 대한 연구

- 높은 스트레스가 직무만족도의 저하를 초래한다고 주장한다.
- 역할 과다, 대인 관계, 역할 모호성 등의 스트레스 원인이 있다.

② 직무 스트레스와 직무몰입 간의 관계에 대한 연구

- 역할 모호성, 역할 갈등, 업무 과다를 비롯해 공정성 등이 영향을 미친다고 분석.

③ 스트레스와 조직성과 간의 관계에 대한 연구

- 적정 수준의 스트레스는 구성원들의 근무 의욕을 자극하거나 개인의 대응 능력을 증대시켜 준다.
- 스트레스가 전혀 또는 거의 없는 상태에 비해 특정 과업을 더 잘, 더 집중적으로, 더 빨리 수행한다고 한다.

3) 직무 스트레스(소방 업무와 소방 공무원의 스트레스)

직무 스트레스는 개인을 위협하는 직무환경의 특성이나 특정한 직무와 관련된 부정적인 환경요인 또는 위협적인 직무환경에 대한 반응, 개인의 능력과 직무구조와의 불일치 등으로 정의된다.

> 2013년도 소방방재청의 소방공무원 보건안전 및 복지 기본계획에 의하면 외상사건 노출, 과도한 직무스트레스 등으로 인해 많은 소방공무원들의 심신건강이 위협받고 있는 것으로 분석되고 있다. 동 계획에 의하면, 2012년 특수건강진단 정신건강 설문응답자 32,112명 중 4,462명(13.8%)이 외상후스트레스장애(PTSD) 위험군으로 분류되고 있다. 이는 직무 특성상 빈번한 외상사건 노출, 교대근무 등 불규칙한 근무 방식이 주요 원인인 것으로 나타났다. 재난시 초기대응자 역할을 수행하는 소방공무원의 정신건강은 일반인과는 달리 특별한 관리가 필요하다. 소방공무원은 일상적으로 접하고 처리하는 업무의 다양한 분야에서 PTSD에 노출될 위험성이 크고, PTSD 증상은 개인의 건강뿐만 아니라 소방 활동에 임하는 대원의 안전확보에도 영향을 미치기 때문이다. 우리나라에서 시행되고 있는 외상후스트레스장애 치유는 큰 틀에서 나누어 보면 2개의 분야에서 이루어지고 있다. 하나는 재난피해자를 대상으로 한 심리치유 상담이며, 다른 하나는 재난대응자들을 위한 치유프로그램 운영이다. 재난피해자를 대상으로 하는 상담 프로그램은 도와 시·군 단위에서 이루어지고 있다. 먼저

기초자치단체의 재난관리부서에서 화재, 교통사고 등 사고발생 현황을 통해 대상자를 발굴한다. 이후 해당 지역의 정신보건센터와 광역자치단체의 재난심리전문가는 선정된 대상자를 방문 또는 전화 상담의 방식으로 프로그램을 운영하고 있다. 전문심리상담자는 대한적십자사보건강사, 심리적지지 프로그램강사, 시·군의 정신보건센터 정신보건 간호사, 정신보건 사회복지사 등으로 구성되어 있다. 소방공무원과 같은 재난대응자들에 대한 프로그램 운영은 소방방재청과 시도 소방본부 주관으로 이루어지고 있다. 그러나 재난피해자와 현장대원들의 PTSD 치유를 위한 체계적인 프로그램이 마련되어 있지 못한 것이 현실이다. 특히 소방공무원 등 재난대응자들을 위한 PTSD 상담 전문인력 확보, 전문병원 운영, 그리고 PTSD 치유시설인 힐링센터 등에 대한 인프라가 제대로 구축되어 있지 않아 체계적인 관리가 이루어지지 못하고 있다.

무엇보다도 PTSD를 경험하고 있는 소방공무원에 대한 체계적 관리방안이 필요하다. PTSD 위험군으로 분류된 대원에 대하여는 1차적으로 동료 상담을 실시하는 것이 필요하다. 미국 소방서의 경우, 외상 사건을 목격한 대원을 대상으로 한 1차적 PTSD 완화 수단으로 동료 상담을 적극적으로 활용하고 있다. 동료 상담에 참여한 경험이 있는 다수의 화재진화요원 및 구급대원들은 이 과정을 통해 심리적 충격을 일부 완화할 수 있었다고 의견을 제시하고 있다. 외상 사건 목격 후 얻은 충격이 PTSD로 발전하는 것을 막기 위해 완화적 수단으로 적극적으로 실행하고 있는 것이다. 이는 동료상담사가 외부 전문가에 비해 대상자가 체험한 외상 경험을 더 잘 이해할 수 있고 현실적인 극복 방안을 제시해 줄 수 있기 때문이다. 2차적 수단으로는 치유, 예방, 그리고 해소로 단계화하여 맞춤형 프로그램을 행하는 것이 효과적이다. 이러한 프로그램은 국내에서 '힐링프로그램'이라는 타이틀로 다양한 기관에서 운영 중이다. 프로그램의 내용은 개인상담, 단체 디브리핑, 명상, 삼림욕, 요가 등 다양한 체험프로그램이 포함되어 있다. 기본적 완화와 치유수단으로 관리가 어려운 고위험군은 전문가의 상담과 병원치료가 필요하다. 이들에 대하여는 외상후스트레스장애 완치시까지 전문기관 치료를 받을 수 있도록 하는 지속적인 관리가 필요하다. 이때 주의할 사항은 병원 방문, 상담 등에 대하여 철저한 개인정보 보호 조치가 수반되어야 한다. 또 일상적인 PTSD관리가 가능하도록 소방서에 'PTSD 자가심리치유실' 설치하여 운영할 필요성이 있다. 이 공간은 상담실, 신체안정실, 심신안정실, 소통실 등으로 구성할 수 있다. 이 공간에서 동료상담이 이루어지고 위험군으로 분류된 대원들은 간단한 신체안정과 심신안정 프로그램을 체험한 후 동료들과 소통을 통해 외상사건 노출에 따른 스트레스를 완화할 수 있다.

4) 스트레스의 단계

장기간에 걸쳐 극심한 스트레스를 해소하지 못하게 되면 전반적인 저항력이 약화되며 질병에 걸릴 수도 있다. 셀리에(Selye)의 일반적응증후군(GAS. General Adaptation Syndrome ; 1974)에 의하면 스트레스 상태 하에서의 반응은 점진적으로 경고단계. 저항단계·소진단계로 발전하면서 사람들에게 나쁜 결과를 가져다준다.

① 경계반응기경고(alarm reaction) : 경계반응기는 스트레스 유발요인에 대한 초기의 긴급반응이다. 스트레스의 초기단계에서는 스트레스가 쌓여 있는 사람의 유형에 관계없이 비슷한 징후를 가져오는 복잡한 신체적, 생리적 변화를 볼 수 있다. 즉, 각양각색의 질환을 가지고 있는 사람들의 공통된 증세인 발열, 두통, 근육통, 관절통, 식욕상실 및 일반적인 피로감 등을 느끼게 되는 것이다

② 저항기(stage of resistance) : 저항기는 신체가 연장된 스트레스에 계속해서 반응해야 할 때 나타난다. 경계가의 징후는 사라지게 되며 계속된 스트레스에 대처하기 위해서 징상수준 이상의 신체적 적응이 일어나게 된다. 그 결과로서 여러 분비선 및 신체기관에서 활발한 분비작용이 일어나며 병균의 저항력이 약화되고 셀리에가 말한 위궤양이나 고혈압 증세와 같은 적응질환이 나타나게 된다. 경직된 방어기제나 기타의 대처방법을 사용하게 되는데, 만성적 불안증이 있거나 신경증적인 사람은 보통 이 심리적 스트레스의 두 번째 단계에 있는 것이다.

③ 탈진기(소진, stage of exhaustion) : 신체적 방어는 쇠약해지고 적응알레르기도 모두 소모되며 경계반응의 신체적 징후가 다시 나타나게 된다. 스트레스는 노화를 촉진시키기 때문에 휴양을 취함으로써 회복될 수 있는 경우를 제외하고는 이 단계에서 징후는 자연노후징후와 흡사하다. 그리고 이 단계에서의 지속된 스트레스는 노화결과와 마찬가지로 죽음을 초래할 수도 있다.

5) 스트레스의 유형

생리적 스트레스는 신체보호를 위해서는 물론 정서에도 영향력을 미친다. 그리고 작업의 실패에서 오는 좌절감과 같은 심리적인 스트레스도 신체적 안정에 영향을 미친다. 여기서는 심리적 스트레스의 유형에 대해 살펴

본다. 심리적 스트레스의 유형으로는 강박감(pressure), 좌절(frustration), 갈등(conflict), 불안(anxiety) 등이 있다.

강박감

사람은 내적 요인이나 외적 요인에 의해서 또는 두 요인의 결합에 의해서 강박감을 경험하게 된다. 회사의 사장이 되고 싶다는 희망으로 언제나 자신을 채찍질하는 간부처럼, 개인의 야망은 내적인 강박감의 주요 원천이 된다. 자신이 최선을 다하는 데 도움이 되는 이러한 내면적인 강박감은 때로 필요하기도 하다. 그러나 어떤 사람들은 자신에 대해서 지나치게 가혹한 요구를 하는데 그 결과로 자기파멸적 행위를 초래하게 된다. 그 예로서, 중간 정도의 성적을 계속해서 얻느니보다는 차라리 학교를 그만두는 '완전주의자'를 들 수 있다.

좌절

스트레스의 또 다른 유형인 좌절은 동기 또는 목표 추구활동이 저지당할 때 생긴다. 좌절의 원인은 지연, 사회적 장애물, 개인적 특성, 상대적 결핍 등이 있다.

갈등

갈등이란 두 개 이상의 견디기 어려운(대립된) 힘에 대응해야 하는 압박 때문에 생기는 심리적 혼란 상태를 말한다. 스스로 과다한 결정을 내려야 하는 사람들은 갈등이 주된 스트레스의 원인이 된다. 일반적으로 심리학적인 입장에서는 갈등의 종류에 따라 긍정적 또는 부정적인 가치가 있는 것으로 해석한다. 긍정적인 목표는 접근경향을 부정적인 목표는 회피 경향을 나타낸다. 목표에 가까워지면서 접근, 회피경향은 동시에 강렬해지기 때문에 스트레스의 정도가 더욱 높아진다.

불안

위험에 직면한 것 같이 막연하게 편안하지 못한 느낌이 들어 가슴이 뛰고, 근육이 긴장되며, 식은땀이 솟아나는 것은 전형적인 불안 증세에 걸려 있는 것이다. 본질적으로 불안은 경고신호로 작용하며, 긴박한 위험을 경고하여 신속한 대응을 하도록 개인을 도울 수도 있다. 대부분의 불안은 신체적인 안전에 대한 것들보다 심리적인 것들에 대한 것이다.

6) 스트레스 대응 전략

몇 가지 기본 전략들이 있는데, 즉 스트레스원을 무시하거나 스트레스원에 대해 생각하거나 혹은 새로운 방법으로 스트레스원을 생각하도록 노력하는 것 등이 있다. 이러한 기법들을 심리학 용어로는 억압적 대처, 합리적 대처(rational coping)와 재구성(reframing)이라 부른다.

억압적 대처(repressive coping)

자신의 생각을 통제하는 것이 쉽지 않지만 일부 사람들은 불쾌한 생각을 마음에서 떨쳐 버릴 수 있는 것으로 보인다. 이러한 스트레스 대처 양식을 억압적 대처라고 부르는데. 이는 스트레스 사건을 상기시키는 상황이나 생각을 회피하고 인위적으로 긍정적 입장을 유지하는 것을 의미한다. 대처 양식에 관한 자기보고식 측정에서 억제 기법을 사용하는 사람들은 불안의 신체 증상, 즉 손에 땀이 나는 것, 떨림, 심장의 두근거림 혹은 과민한 위장 등과 같은 증상들을 거의 보고하지 않는다(Weinberger, Schwartz & Davidson, 1997). 예를 들어 그들은 자신들의 생이 믿기 어려울 정도로 행복하다고 보고하고 자신들이 항상 공손하고 거짓말을 하지 않으며 자신들을 슬프거나 두렵게 만든 많은 사건들을 기억할 수 없다고 보고한다. 물론 모든 사람들이 문제를 가지고 있지만 억압 기법을 사용하는 사람들은 이러한 문제들을 교묘하게 무시한다(Barnier, Levin & Maher, 2004). 따라서 억압 기법을 사용하는 사람들이 심장 발작을 앓으면 다른 사람들에 비해 자신들의 심장 문제에 관한 생각을 덜 보고한다(민경환 외, 2013 : 736).

합리적 대처(rational coping)

합리적 대처에는 스트레스원에 당연하고 이를 극복하기 위해 노력하는 것이 포함된다. 이 전략은 두려움 혹은 문제와 당면하는 것이다. 이것이 합리적 대처의 기본적인 아이디어이다.

합리적 대처는 억압적 대처와 상반되기 때문에 스트레스에 당면할 때 여러분이 할 수 있는 것 중 가장 불쾌하고 용기를 잃게 하는 것으로 여겨질 수 있다.

합리적 대처는 스트레스원의 장기적인 부정적 영향을 감소시키기 위해서는 스트레스원을 회피하기보다 그것에 맞서는 것을 요구한다(Hayes,

Strosahl & Wilson, 1999). 합리적 대처에는 세 가지 단계가 있는데, 즉 수용단계는 스트레스원이 존재하고 당분간 없어지지 않을 것이라는 것을 인식하는 단계이고, 노출단계에서는 스트레스원에 주의를 주고 그것에 대해 생각하며 심지어 그것을 찾아내려고 하며, 마지막 단계는 이해단계로서 스트레스원이 자신의 삶에 어떤 의미를 가지는가를 발견하고자 노력한다.(민경환 외, 2013 : 737)

재구성(reframing)

스트레스를 야기하는 생각에 대처하는 또 다른 방법 중 하나로서, 사고를 억압하거나 합리적으로 대처하기보다 스트레스원의 위협을 감소시킬 수 있는 새롭거나 창의적인 방법을 찾는 재구성 전략을 사용한다.

예를 들어 만약 여러분이 많은 사람들 앞에서 연설하는 것을 생각만 해도 불안을 경험한다면 청중이 여러분을 평가한다고 생각하는 것에서 여러분 자신이 청중을 평가한다고 생각하면 청중 앞에서 연설하는 것이 수월해진다. 혹은 여러분의 메시지에 가장 많은 반응을 보이는 사람들에게 주의 초점을 맞출 수 있으며 심지어 연설이 끝난 후에라도 여러분의 연설 중 무엇이 흥미로웠는가를 그들에게 물어볼 수 있다. 이처럼 스트레스원을 재구성하는 것은 모든 사람들에게 적용되지 않는다. 재구성이 효과적이기 위해서는 개인에게 도움이 되는 창의적인 문제해결을 발견하는 것이 요구된다(민경환 외, 2013 : 738).

스트레스 접종훈련

재구성은 중등도의 스트레스 상황을 준비하는데 효과적인 방법일 수 있지만 만약 대중 연설과 같은 상황이 지나치게 스트레스를 야기할 경우에는 이 기법은 효과적이지 않다.

심리치료사의 도널드 마이켄바움(Donald Meichenbaum)은 재구성 기법의 하나인 스트레스 접종 훈련(Stress Inoculation Training : SIT)을 소개하였는데, 이 훈련은 개인으로 하여금 스트레스 상황을 긍정적으로 생각하게 함으로써 이 상황에 대처하도록 도움을 제공한다. 이 접근 방법은 스트레스 사건으로 말미암아 정서적 혼란을 경험하는 동안에는 스트레스 사건에 관한 부정적 해석을 바꾸는 것이 매우 어렵지만 미리 적절하게 준비하면 효과적으로 재구성된 사고를 할 수 있다고 제안한다.

신체 관리

스트레스는 목근육의 긴장 등의 통증, 위장 문제, 손의 땀 혹은 피곤한 얼굴 등으로 나타난다. 스트레스가 매우 자주 신체증상으로 표현되기 때문에 이완, 바이오피드백, 에어로빅 운동 등과 같은 신체 기법이 스트레스 관리에 유용하게 사용된다.

① 이완 치료(relaxation therapy) : 제이콥슨(Jacobson)은 이완 치료(relaxation therapy), 즉 신체 근육을 의식적으로 이완하는 것을 통하여 긴장을 감소시키는 기법을 개발하였다. 이완 치료를 받는 사람들은 한 번에 하나의 특정 근육집단을 이완하는 것 혹은 따뜻한 것이 신체에 흐르는 것을 상상하거나 느긋한 상황에 관해 생각하는 것을 요구받는다. 명상, 최면, 요가와 기도 모두는 이완 치료와 특정 요소를 공유한다. 이러한 행동들 모두는 이완반응(relaxation response), 즉 근육 긴장, 대뇌 활성화, 심박률 감소, 호흡률과 혈압이 감소되는 상태를 이끌어 낸다(Benson, 1990). 그리고 규칙적인 이완은 스트레스 증상을 감소시킬 수 있다(Carlson & Hoyle, 1993). 이주에 한 번씩 몇 달 동안 이완을 실시하면 기분이 좋아지고 스트레스 반응의 생화학적 표인 혈중 코르티졸 수준도 감소된다(McKinney et al., 1997).

② 바이오피드백 : 바이오피드백은 신체 가능에 관한 정보를 얻고 신체 기능을 통제하기 위해 외적 모니터링 도구를 사용하는 방법이다. 바이오피드백은 다른 방법으로는 알 수 없는 신체기능을 사람들로 하여금 통제하도록 도움을 준다.

사회적 지지

사회적 지지는 다른 사람들과의 상호작용을 통하여 도움을 받는 것을 의미한다. 사회적 지지가 스트레스로부터의 보호적 측면에서 가지는 가치는 여성과 남성에서 매우 다르다. 스트레스를 받을 경우 여성들은 지지를 추구하지만 남성들은 그렇지가 않고 쉘리 테일러(Shelley Taylor ; 2002)의 성차에 관한 연구에 의하면 스트레스에 대한 투쟁 혹은 도피 반응을 주로 남성에게 일어난 반응이라고 한다.

심리검사와 측정

01 심리검사

1) 심리검사의 정의

① 각 개인마다의 성격, 지능, 적성 같은 인간의 다양한 심리적 특성들에 대해서 파악하고 인간의 내면적, 행동적 측면을 이해하기 위한 목적을 가지고, 표준화된 절차에 의하여 다양한 검사도구들을 이용하여, 이런 특성들을 양적, 질적으로 측정하고 평가하는 일련의 조직적인 절차를 의미한다.

② 심리검사는 개인에 대하여 포괄적으로 이해하는 여러 가지 방법들(관찰법, 조사법, 검사법, 실험법, 사례조사 등) 중의 하나이며, 핵심적인 자료를 제공하는 중요한 절차이다

2) 심리검사의 발전

Wundt(1879년)

① '통제된 조건하의 피험자 관찰'을 기본적인 방법론으로 사용하였고, 감각, 지각, 반응시간이라는 한정된 대상에 연구 관심을 가졌다

② 심리학에 있어서 양적 측정의 전통을 확립하면서 심리측정학의 발달에 중요한 토대를 마련하고 심리학 연구를 위해 실험실을 개설하였다.

F. Galton(1883년)

① 진화론에 바탕을 둔 개인차 연구의 선구자로 평가된다.

② 개인차가 일어나는 것은 지적 능력의 차이에서 비롯된다고 보았는

데, 지적 능력은 유전에 의해서 결정된다는 연구업적은 심리검사의 시초인 지능검사의 바탕이 되었다.

③ 평정 척도를 사용하면서 심리적인 기능들을 평가하였고 후기에는 자유연상기법까지도 사용하였다.

④ 두 측정치간의 관계의 방향과 그 강도를 나타내기 위하여 통계적인 방법론인 상관계수를 개발하였다.

Cattell(1890년)

① 정신검사(mental teat)라는 용어를 처음으로 제안하였다.

② 인간의 개인차에 대해 고려하지 않고 모든 인간의 공통적인 원리를 찾아내는 것이 심리학의 목적임에 비판하면서, 개인차가 중요한 연구 대상임을 주장하였다.

③ 미국 펜실바니아 대학과 콜롬비아 대학에 심리학 연구소를 설치하였다.

④ 감각과 운동반응 능력에 관한 10가지 항목으로 구성된 지능 검사를 제안하였다.

Binet(1911년)

① Cattell의 검사가 너무 단순하고 감각 과제에만 한정되어 있다는 점에서 비판했다.

② 1904년 프랑스 정부에서 정상아와 정신지체아를 감별 목적으로 Binet-Simon 검사를 개발했다.

③ 정신 연령(mental age)라는 용어 소개하였고, Binet-Simon 검사는 체계화된 최초의 지능검사로 인정을 받았고, Wechsler의 지능검사가 나오기 전까지 주요 지능검사였으며 임상심리학의 초석을 마련했다.

L. Terman(1916년)

① Binet-Simon 검사를 개정하여 1916년 'Stanford-Binet 검사'라는 이름으로 발표하였다.

② 제1차 세계대전 중 신병들을 신속하고 효율적으로 배치하기 위해 Binet 검사를 지필검사용으로 새롭게 집단용 지능검사인 'Army Alpha'를 제작, 또한 문맹자나 영어를 모르는 외국인을 위하여 비언어적인 검사인 'Army Beta'를 제작하였다.

③ 지능이란 추상적 사고능력의 결합체이다.

Hermann Rorschach(1921년)

① Rorschach검사의 출현은 심리학, 특히 임상심리학의 발달에 큰 기여하였다.
② 잉크 반점 카드를 이용하는 놀이에서 정상인이 보이는 반응과 정신과 환자들이 보이는 반응에 차이가 있다는 사실에 흥미를 가지기 시작하였다.
③ 10개의 카드로 구성된 로샤 검사 도구를 개발하였다.

Murray(1935년)

① Murray는 Morgan과 함께 1935년에 'Thematic Apperception Test (TAT)'를 개발하였다.
② 1938년에는 「Exploration in Personality」에 TAT의 결과와 일반적 성격이론을 통합하여 발표하였다.

D. Wechsler(1939년)

① 지능이란 목표를 이루기 위해 합리적 사고방법을 통해 환경에 적응해 나가는 능력을 의미한다고 주장하였다.
② 1939년에 새로운 성인용 지능검사인 Wechsler-Bellevue 지능검사를 개발하였다.
③ 처음에는 아동용 검사로 고안되었다가 나중에 성인 규준을 첨가한 것이어서 성인의 지능을 측정하기에 부적합하고 비언어적인 면에 대한 평가가 도외시되어 있다는 Binet검사의 문제점을 보안하였다.
④ 현재 Wechsler 지능검사는 가장 널리 쓰이는 개인용 지능검사이다.

3) 심리검사의 종류

심리검사의 ▶ 종류

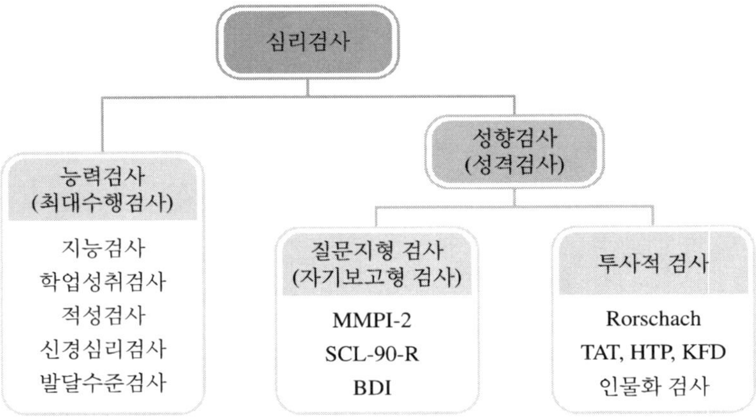

객관적 검사(objective test)

① 과제가 구조화되어 있고 채점과정이 표준화되어 있으며 해석의 규준이 제시되어 있는 검사이다.

② 지능검사로는 WISC, WAIS, WPPSI, 성격검사로는 MMPI, MBTI, 흥미검사로는 직업흥미검사, 학습흥미검사, 적성검사 등이 있다.

③ 검사 실시와 해석이 간편하다는 장점이 있다.

④ 검사의 신뢰도 및 타당도가 검증된 검사도구들이다.

⑤ 검사자 변인이나 검사의 상황변이에 따라 영향을 적게 받으므로 개인간 비교가 객관적으로 제시(집단으로 실시 가능)되고 있다.

투사적 검사(projective test)

① 검사 자극이 모호할수록 자극을 인지적으로 해석하는 과정에 개인의 욕구, 갈등, 성격 같은 심리적 특성의 영향이 강하게 포함된다는 전제하에서 비구조적인 검사 과제를 통해 개인의 독특성을 최대한 이끌어내려는 목적을 지니고 있다.

② Rorschach 검사, TAT, CAT, DAP, HTP, BGT, SCT 등이 투사적 검사에 속한다.

③ 객관적 검사와는 달리 검사자극이 모호하고 피검자가 가능한 한 자유롭게 반응을 하도록 허용하기 때문에, 질문에 대한 독특하고 다양한 반응이 도출될 수 있다.

④ 전반적으로 신뢰도와 타당도가 객관적으로 검증되기 어렵다는 비판이 존재한다.

	객관적 검사	투사적 검사
정의	질문지로 구성되어 있는 표준화된 검사 유형	모호한 지각적 자극을 제시함으로써 지각과정에서 개인의 욕구와 관심, 성격구조들을 반영될 수 있도록 제작된 심리검사 유형
특징	• 구조화된 검사 • 검사 목적에 따라 검사 과제 결정 • 검사지시, 응답방식, 채점방식 등이 일정한 방식에 따라 구성(객관적, 명료화) • 개인의 독특성보다는 개인마다 공통적으로 지니고 있는 심리적 특성이나 행동에 대해 개인 간 비교 목적	• 비구조화검사 • 모호하고 불분명한 시각적인 자극 사용 • 투사적 지각과정을 바탕으로 개인의 독특하고 다양한 반응 허용 • 검사지시는 단순하게, 수검자는 구체적인 형식 없이 자유롭게 응답
장점	• 신뢰도 검증 • 채점에 따라 표준절차, 검사실시가 간편 • 객관적 근거에 따라 해석, 개인 간 비교가 객관적으로 제시. • 검사상황이 검사반응에 미치는 영향 낮다.	• 검사 반응의 독특성으로 인해 개인 이해 유용 • 수검자가 의식적인 방어가 용이하지 않다. • 검사자의 역량에 따라 검사반응이 풍부할 수 있다. • 개인의 무의식적 내용이 반영 (의식화되지 않던 사고나 감정이 표현된다.)
단점	• 문항이 담고 있는 내용이 사회적으로 바람직할수록 긍정적으로 반응하려는 경향성에 대한 통제가 어렵다. • 일반적으로 긍정적, 부정적의 중간으로 표기하려는 반응경향성 • 행동특성에 대해 대표적 문항으로 구성되어 문항 내용의 제한 • 각 개인에게 의미 있는 독특한 내용이 제시되지 못한다.	• 신뢰도가 낮음 • 개인의 지속적인 특성의 반영이 아닌 정서상태나 변동적인 상태 반영 • 투사적 검사 해석의 근거가 과학적으로 충분히 검증되지 않다. • 검사반응이 상황에 따라 영향을 받는다. • 검사자의 성, 태도 등 수검자의 특성 외 검사 시행의 상황적 조건이 영향을 미친다.
검사 종류	웩슬러 지능검사(K-WAIS, K-WISC), 다면적 인성검사(MMPI) PAI, NEO-PI-R, MBTI, 16PF, 적성검사, 직업흥미검사, 학습흥미검사	로샤 검사, TAT, CAT, DAT, HTP, BGT, SCT
비교	상호보완적 효과	

4) 심리검사의 선정

심리검사의 ▶ 선정

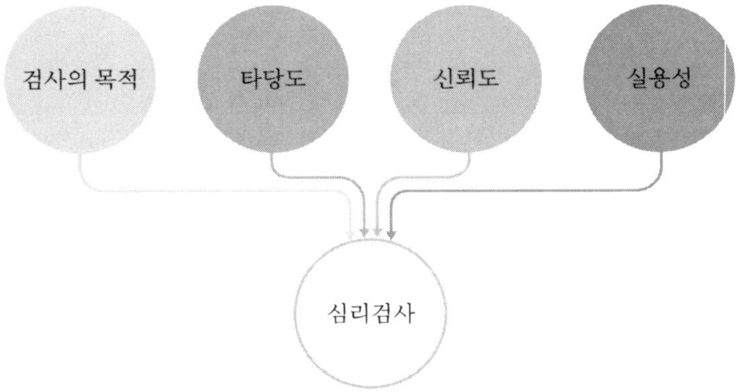

검사의 목적

① 개인행동의 미래 예측
② 개인 특성의 문제, 요인들에 대한 분류 및 진단
③ 심리적 성향, 행동적 증상에 대한 조사 및 연구
④ 개인의 성격 및 적성 발견을 통한 자기이해의 증진

타당도

타당도는 검사가 측정하고자 하는 것을 제대로 잘 측정하고 있느냐 하는 검사의 능력에 관한 문제이다. 타당도 검증방법의 종류는 구성타당도, 내용타당도, 준거타당도, 안면타당도 등이 있다. 이를 정리하면 아래 그림과 같다.

심리검사의 ▶ 타당도

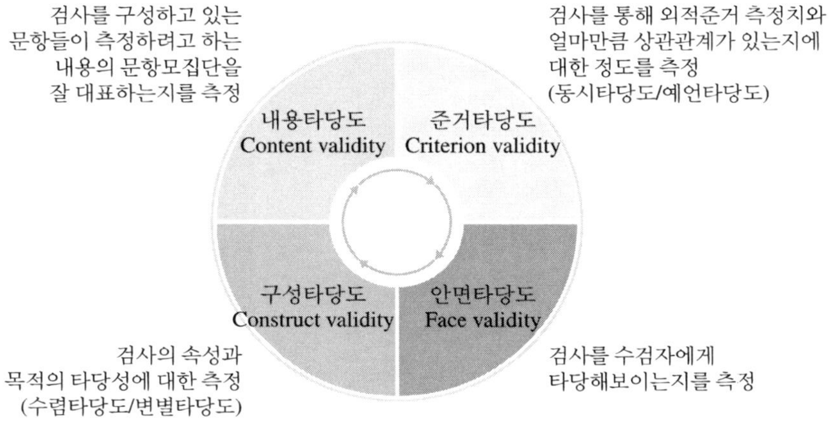

신뢰도

신뢰도는 심리검사의 측정치가 얼마나 일관성이 있는가를 의미하며, 결과에 있어서의 우연이나 다른 외부적 요인들을 제거하는 정도인 측정의 안정성을 의미한다.

신뢰도 검증방법의 종류는 검사-재검사 신뢰도, 반분 신뢰도, 동형검사 신뢰도, 채점자 신뢰도, 문항내적 합치도 등이 있다. 이를 정리하면 아래 그림과 같다.

심리검사의 신뢰도 ▶

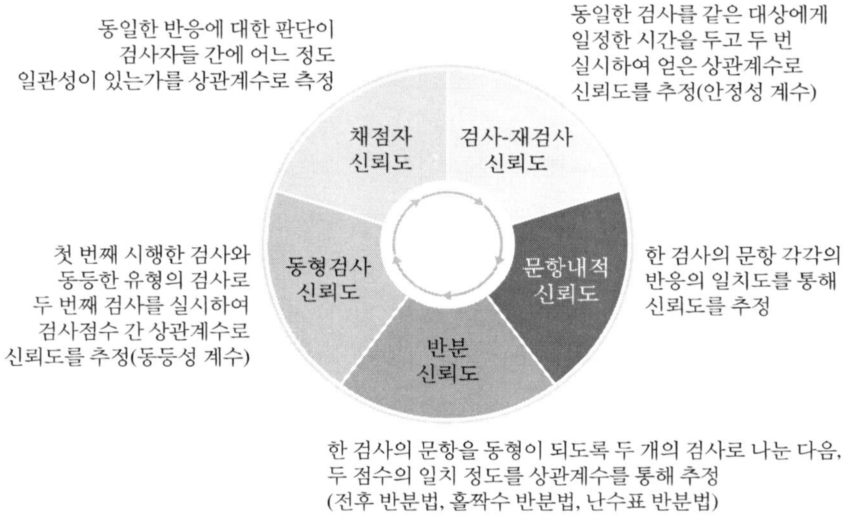

실용성

심리검사의 비용과 검사 실시시간, 검사실시의 어려움 등을 고려하여야 한다.

5) 심리검사의 실시

① 임상장면의 초기 단계에 실시한다.
② 심리검사를 통해서 면접만으로 드러나기 어려운 내적인 욕구, 충동, 방어들의 위계적인 배열을 파악 할 수 있다.
③ 심리검사가 치료의 중기나 후기에 시행되기도 하는데, 특히 치료 과정에서 특정한 문제가 생겨 자문이 필요할 때 중요한 역할을 한다.

④ 심리검사를 통해서 얻은 자료들을 토대로 피검자의 현재 상태와 지금까지의 치료 효과에 대해서 평가한다.
⑤ 각 검사들은 각기 다른 특정 심리 기능을 측정하는 것으로 전제한다.
⑥ Wechsler 지능검사는 지능수준을, 다면적 인성검사(MMPI)는 정신병리적 측면을, Rorschach 검사는 원초적 욕구나 환상을, TAT는 대인관계의 역동성을 잘 알려주는 도구로서 선택한다.
⑦ 비교 통합 과정을 통해서 피검자의 자아기능, 본능적 힘, 방어기제 그리고 현실적 요구들이 어떤 방식으로 배열과 균형을 이루고 있는지에 대한 전체적이고 구체적인 모습을 얻을 수 있게 되었다.

02 지능

1) 지능

① 지능 : 지능에 대한 하나의 합의된 정의를 내리는 것은 사실 매우 어려운 일이지만, 오늘날 대표적인 학자인 웩슬러(Wechsler)의 정의에 의하면, "지능은 개인이 합목적적으로 행동하고, 합리적으로 사고하며, 환경을 효율적으로 다룰 수 있는 총체적인 능력"이다.
② 지능의 일반적인 정의에 의하여 분류하자면, 지능은 학습능력, 환경이나 새로운 상황, 문제에 적응하는 능력, 추상적인 사고 능력이면서 그것을 구체적인 사실들과 관련시킬 수 있는 능력, 종합적이고 전체적인 능력 등을 의미한다.

C. Spearman(1927)

① 지능은 모든 개인이 공통적으로 가지고 있는 일반 요인(G요인)과 어떤 특정한 한 분야에 대한 능력인 특수 요인(S요인)으로 구성되어 있다고 제안하였다.
② '이요인설'

Thurstone(1938)

① 언어요인(V요인, Verbal meaning), 단어 유창성(W요인, Word fluency), 수 능력(N요인, Number), 기억(M요인, Memory), 공간 관계 인식(S요인, Space), 지각속도(P요인, Perceptual speed), 귀납적 추론(I요인, Inductive reasoning) 같은 7가지 기본적인 정신능력으로

구성되어 있다고 제안하였다

② '다요인설'

J. Guilford(1967)

① 지능 구조 입체모형설을 제안하였다.

인지(조작) 차원	내용 차원	결과(산출) 차원
- 사고 과정	- 무엇에 대해 생각하는가	- 사고의 결과

② 지능이란 다양한 방법으로 상이한 종류의 정보를 처리하는 능력들이 체계적인 집합체라고 보고, 주어지는 정보의 '내용(content)', 이 정보에 대한 '조작(operation)', 이에 의한 결과의 '산출(product)'의 3 차원으로 구성하였다.

③ '조작' 과정에서 수렴적사고와 확산적 사고를 포함시켰다.

④ 수렴적사고 : 하나의 문제 해결을 위하여 기존에 알고 있던 지식들로부터 가장 적합한 답을 찾아내는 방식의 사고

⑤ 확산적 사고 : 하나의 문제 해결을 위하여 여러 가지 다양한 해결 방식을 도출해내는 사고, 창의성과 밀접한 관련이 있다.

⑥ 다중지능이론의 기초

Gardner

① 다중지능이론

② 신체 : 운동 / 음악 / 언어 / 대인관계 지능

③ 논리 : 수학 / 공간 / 내성 / 자연탐구 지능

④ 언어적 지능 : 언어의 소리, 리듬 및 언어의 다양한 기능을 민감하게 파악하는 능력.(예를 들면, 시인, 신문기자, 문학가의 문장력)

⑤ 논리 – 수학적 지능 : 분류하기, 범주화하기, 패턴 지각하고 이해하기, 체계적 추리.(예를 들면, 아인슈타인의 논리 – 수리 능력)

⑥ 공간적 지능 : 사물을 정확하게 지각하기, 시간 공간적 세계를 정확히 지각하고 그 지각한 내용을 머릿속에서 변형하고 회전시켜 볼 수 있는 능력.(예를 들면, 피카소의 공간적 지능)

⑦ 음악－리듬 지능 : 음조, 리듬, 음색을 예리하게 파악(예를 들면, 작곡가 연주가)
⑧ 운동 감각지능 : 자신의 신체 움직임을 조정하고, 사물을 능숙하게 조작 능력
⑨ 사회적 지능 : 다른 사람의 기분, 기질, 동기 및 의도를 식별하고 그에 적절하게 반응, 다른 사람이 일을 하도록 동기 유발시키는 능력(예를 들면, 종교인 세일즈맨)
⑩ 자아성찰 지능 : 자신의 내적 과정과 특성, 자신 이해 능력(예를 들면, 프로이트, 소설가)
⑪ 자연 관찰 지능 : 동식물이나 주변에 있는 사물을 자세히 관찰하여 차이점이나 공통점을 찾고 분석 능력(예를 들면, 다윈, 환경보호가)
⑫ 실존 지능(＝영적 지능) : 인간의 존재이유, 삶과 죽음의 문제 등 철학적이고 종교적인 사고를 할 수 있는 능력

Stenberg(1986)의 3원 지능이론

① 지능
- 분석적 능력 : 지능의 가장 기본요소
- 실제적 능력 : 경험을 통하여 얻어지는 문제 해결 능력
- 창의적 능력 : 새로운 경험을 과거의 경험에 연결할 줄 아는 능력

분석적 능력	실제적 능력	창의적 능력
분석, 판단, 평가, 비교, 대비	응용, 적용, 활용, 실행능력	창안, 발견, 발명, 상상, 탐색
메타요소 : 문제내용을 계획을 확인하고 평가하는 과정	환경적응 : 기존 환경에 따라하기	새로운 경험을 과거의 경험에 연관시켜 새로운 영역을 만드는 능력

스탠버그가 말하는 성공지능이란 자신의 강점을 이용하여 약점을 수정하고 보완함으로써 주어진 환경에 적응하고 선택하기 위해 자신의 분석적, 창의적, 실제적인 능력을 결합하여 인생 목표를 성취해 가는 능력을 말한다.

R. cattell(1963)

① 유동적 지능과 결정적 지능이라는 2개의 군집으로 분류하였다.

② 유동적 지능 : 유전적이며 선천적으로 주어지는 능력, 성숙에 비례하여 발달하고 쇠퇴하는 특성, 문제 해결 능력에서 잘 나타난다.

③ 결정적 지능 : 환경이나 경험, 문화적 영향에 의해서 발달되는 지능, 나이를 먹으면서도 계속 발달한다.

Gf(유동성 지능)	Gc(결정성 지능)
① 유전적 요인	① 환경적 요인
② 14세, 5세 정점	② 20세 전후까지 급격하게 성장
③ 새로운 사태의 문제해결력	③ 언어, 상식, 문제 해결력
④ Speed test	④ Power test
⑤ 암기, 추리, 지각하는 능력	⑤ 언어능력, 논리력 ,문제해결력

Binet

① 정상아와 정신지체아의 감별을 목적으로 최초의 실용적인 지능검사를 개발하였다.

② 단순한 행동으로 측정하기 보다는 복합적인 정신 능력 자체를 측정해야 한다고 생각하였다.

③ Binet-Simon 검사는 1908년, 1911년 개정판이 개발되었고 1916년에는 미국 L. Terman에 의해 'Stanford-Binet 검사'라는 명칭 하에 개정 표준화하였다.

Wechsler

① 현대에 가장 많이 사용되는 지능검사

② 한국판 웩슬러 성인용 지능검사 4판(K-WAIS-IV) : 16세 0개월부터 69세 11개월까지의 청소년과 성인의 인지능력을 평가하는 검사

③ 한국판 웩슬러 아동용 지능검사 4판(K-WISC-IV) : 6세 0개월부터 16세 11개월까지의 아동의 인지능력을 평가하는 검사이며, 이는 4가지 영역을 평가하는데 세부적으로 구분하여 설명하자면, 첫째, 언어적 추론, 이해, 개념화, 단어 지식 등을 이용하는 언어 능력을 측

정하는 언어이해 영역. 둘째, 시각적 자극을 통합하거나 비언어적으로 추론하는 능력을 측정하는 지각추론 영역. 셋째, 주의력, 집중력, 제시되는 정보를 효율적으로 처리하는 능력을 측정하는 작업기억 영역. 넷째, 간단한 시각적 정보를 빠르고 정확하게 탐색하고 변별하는 능력을 측정하는 처리속도 영역이다.

이상행동의 심리학

01 이상심리학 일반

1) 의의

이상심리학이란 인간의 일탈행동(이상행동)들을 이해하고 심리적 장애의 원인에 대해 연구하여 치료법을 제시하는 학문분야를 의미한다. 그리고 정신장애는 이상행동들을 의미하며 정서적인 측면이나 인지적인 측면, 행동적인 측면에서의 개인적인 부적응 상태를 의미한다.

2) 이상행동의 판별기준

정상과 이상행동을 구분하는 학문적인 기준으로 4가지가 있다. 이를 구체적으로 설명하면 다음과 같다.

① 부적응성의 기준 : 정상과 이상행동의 정의의 구분에 있어서 가장 중요한 개념은 적응과 부적응의 개념이다. 개인의 삶은 그에게 주어진 환경과 상호작용하며 적응하는 과정이라고 볼 수 있으며, 개인이 환경의 요구에 맞추어 가는 순응과정과 개인의 요구에 맞도록 환경을 변화시켜 가는 동화과정으로 이루어진다. 따라서 정신장애는 개인의 인지적, 정서적, 행동적, 신체생리적 기능이 저하되거나 손상되어 원활한 적응에 지장을 초래할 때, 부적응적인 이상행동으로 간주할 수 있는 것이다.

② 주관적 불편감으로서의 기준 : 이상행동을 판단하는 또 다른 중요한 기준은 주관적 불편감과 개인적 고통이다. 개인으로 하여금 현저한 고통과 불편감을 느끼게 하는 행동이다. 개인의 부적응에는 별 영향을 미치지 않지만 심하게 고통을 느끼는 심리적 상태나 특성을 정신장애 상태라고 간주할 수 있다. 주관적 고통과 부적응은 매우 밀접한 관계를 맺고 있다. 주관적 고통은 부적응 상태에 의해 유발될 수 있고, 주관적 고통으로 인해 부적응 상태가 유발될 수도 있다. 하지만 주관적 고통과 부적응이 독립적으로 나타나는 경우도 많다는 점에 주의할 필요가 있다. 정신장애를 경험하는 대부분의 사람들은 우울, 불안, 공포, 분노, 절망 등 심한 주관적 고통을 느낀다.

③ 사회적 규범의 기준 : 인간은 자신이 속한 사회에 원만하게 적응하기 위해서 이러한 사회적 규범을 잘 따르는 것이 중요하다. 따라서 이러한 사회적 규범에 어긋나게 일탈된 행동을 나타낼 경우 이상행동 및 정신장애로 규정할 수 있다.

④ 통계적인 기준 : 통계적 기준에서는 평균과 표준편차라는 통계적 규준에 의해 정상성과 이상성을 평가한다. 즉, 평균으로부터 두 배의 표준편차 이상 일탈된 경우에 이상행동 및 정신장애로 규정하는 것이 일반적이다. 그러나 이러한 통계적 기준은 이상행동을 판별하는 데에 여러 가지 한계가 있다. 첫째, 평균으로부터 일탈된 행동 중에는 바람직한 방향으로 일탈한 경우가 있기 때문이다.

3) 이상행동의 원인

▌ 소인(Predisposing factor)

① 유전

- 우성유전 – 헌팅톤(Huntington)병, 기분장애, 파킨스씨(Parkinson)병, 피크병(Pick)병, 정신지체 등
- 열성유전 – 지능, 성격, 기질
- 정신질환이 유전 하나만으로 발병이 결정되지는 않는다.

② 체질(constitution)

- Kretschmer과 Sheldon이 연구
- 비만형–사교적 성격과 기분장애
- 근육형–투사형 성격 및 반사회적인 인격장애
- 세장형–내성적 경향의 성격과 정신분열증과 관련

③ 나이

- 여자–사춘기, 결혼 및 출산과 관련된 시기, 갱년기
- 남자–사춘기, 취업과 관련된 시기, 퇴직과 관련된 노년기

④ 성

- 남자–진행마비, 알코올 정신병, 외상성 정신병, 간질과 동맥경화증에 관련된 뇌증후군
- 여자–기분장애와 관련한 정신질환
- 편집증, 신체질병과 관련된 장애, 정신분열증 등은 발병이 남녀 간 비슷하다.

유인

① 기질적 원인
② 심리적 원인–갈등과 상실
③ 사회문화적 요인–가족문제나 사회적 요인

4) 이상심리학에 관한 주요이론

정신분석이론

이상심리 설명모델 중 가장 고전적인 대표적 이론이라고 할 수 있으며 정신장애를 무의식적인 갈등과 내적 결핍의 표현으로 본다. 정신분석이론에서의 성격구조는 원초아, 자아, 초자아로 구성되어 있고, 정신장애의 원인을 어린 시절의 쾌락과 규율 간의 갈등을 해결하지 문제로 인해 성격구조 내에 균형 와해에 두고 있다. 이로 인한 불안이 발생하고 불안에서 탈피하기 위해 방어기제를 사용하게 되는데, 부적절한 방어기제의 사용으로 인하여 이상행동이나 정신장애가 발생한다고 보고 있다. 정신분석이론에서는 이상행동이나 정신장애의 치료를 위해 자유연상, 꿈분석, 저항 분석, 훈습 등의 치료기법을 사용한다.

인본주의 이론

인간은 누구나 자신의 성장과 잠재력을 실현할 수 있는 능력과 동기와 의지를 가지고 있다고 보며, 자아실현과 성장이라는 목표를 향해 끊임없이 변화하는 존재로 인식하는 로저스의 이론이다. 로저스의 인본주의 이론에서는 이상행동이나 정신장애의 원인을 환경에 대한 잘못된 학습에 기인한다고 보며, 환경적인 위협이나 낯설거나 새로운 자극이 이미 조직화되어 있는 개인의 자기구조 안으로 동화되지 못하거나 불협화음을 일으킬 때 발생한다고 보고 있다.

생물학적 이론

생물학적 이론에서는 정신장애가 신체질환처럼 신체 기능상의 원인에 있다고 보고, 대부분 유전적 결함이나 신경생화학적인 요인에 초점을 두고 있다. 생물학적 이론에서는 주로 약물치료, 전기충격치료 등의 치료기법을 사용하고 있다.

행동주의 이론

행동주의 이론에서는 이상행동을 설명함에 있어서 인간의 행동은 환경이나 학습으로 변화를 가져올 수 있다고 보고 있다. 이상행동이나 정신장애의 원인을 이상행동도 정상행동과 같이 학습되어, 혐오자극과 연합된 무해한 자극이 불안을 발생시키고, 이상행동이 강화를 통해 유지되며(조작적 조건화) 이상행동이 관찰을 통해 모방(관찰학습)되는 것이라고 설명한다. 행동주의 이론에서는 강화와 처벌, 소거, 모방학습 등의 치료기법을 사용하고 있다

실존주의 이론

인간본질의 결정론적, 기계론적 관점에 반대하며, 인간은 자유롭다는 가정에 기초하여 인간의 존재의 의미에 초점을 맞춘 이론을 실존주의라고 한다. 실존주의 이론에서는 불안을 성장의 잠재적 근원으로 해석하며, 정상적 불안을 직면한 사건에 대한 적절한 반응으로 보기에 치료과제로 여기지 않으며 건설적이지 못하고 파괴적인 신경증적 불안을 이상행동이나 정신장애의 발생 원인으로 본다. 즉 선택과 결정의 과정에서 불안을 직면하는 데에 실패함으로써 이상행동이나 정신장애를 유발한다고 설명하고 있다.

소질-스트레스 모형 접근

이상행동을 유발하는 원인으로 개인의 특성과 불행한 사건이나 환경의 상호작용을 강조하는 통합이론 중의 하나이다. 즉, 특정한 유전적 소인이나 심리사회적 스트레스, 개인적 요인들이 복합적으로 영향을 미쳐 이상행동이나 정신장애를 일으키게 된다고 설명하고 있다.

인지행동이론

현재 가장 널리 보편화되어 활용되는 심리치료기법으로, 인지치료가 있으며, 인지를 인간의 행동과 사고, 정서의 핵심요소로 보고 인지 오류나 왜곡, 역기능적인 신념 등이 이상행동의 원인으로 설명하였다. 그리고 공황장애, 우울증에 인지치료와 인지행동치료의 효과가 우수한 것으로 나타났다.(Clark & Beck, 2010)

가족-사회-문화적 이론

이상행동과 정신장애의 원인을 개인이 아니라 개인이 속한 가족, 사회, 문화적 구조에 있다고 설명하는 이론이다. 가족-사회-문화적 이론에서는 가족체계, 가족구조, 사회와 문화의 규범, 환경의 역할 등을 중요한 요소로 고려한다. 가족치료, 부부치료, 집단치료 등의 치료적 접근이 이루어지고 있다.

5) DSM-5의 심리장애 개관

DSM-5의 심리장애 상위범주 및 하위유형

① 신경발달장애 : 중추신경계(뇌)의 발달 지연 또는 뇌 손상과 관련된 것으로 알려진 정신장애

- 신경발달장애의 하위유형
  - 지적 장애 : 경도, 중도, 중등도 지적 장애
  - 의사소통장애
  - 자폐스펙트럼장애
  - 주의력결핍 / 과잉행동장애(ADHD)
  - 특수 학습장애 : 읽기장애, 쓰기장애, 산수장애
  - 운동장애 : 발달성 운동조정장애, 정형적 동작장애, 틱장애

② 정신분열 스펙트럼 및 기타 정신증적 장애 : 정신분열증을 비롯하여 그와 유사한 증상을 나타내는 심각한 정신장애

- 정신분열 스펙트럼 및 기타 정신증적 장애의 하위유형
  - 분열형 성격장애
  - 망상장애
  - 단기 정신증적 장애
  - 정신분열형 장애
  - 분열정동장애
  - 긴장성 강직증

③ 양극성 및 관련 장애(Bipolar and Related Disorders) : 기분의 변화가 매우 심하여 기분이 고양된 상태와 침체된 상태가 주기적으로 나타나는 장애

- 양극성 및 관련 장애의 하위유형
  - 양극성장애 I형
  - 양극성장애 II형
  - 순환감정장애

④ 우울장애(Depressive Disorders) : 우울하고 슬픈 기분을 주된 증상으로 하는 다양한 장애

- 우울장애의 하위유형
  - 주요 우울장애
  - 지속성 우울장애 : 기분부전장애
  - 월경전기 불쾌장애
  - 파괴적 기분조절곤란장애

⑤ 불안장애(Anxiety Disorders) : 불안과 공포를 주된 증상으로 하는 장애

- 불안장애의 하위유형
  - 분리불안장애
  - 선택적 무언증
  - 특정공포증
  - 사회불안장애 : 사회공포증
  - 공황장애
  - 광장공포증
  - 범불안장애

⑥ 강박 및 관련 장애(Obsessive-Compulsive and Related Disorders) : 강박적인 집착과 반복적인 행동을 특징적으로 나타내는 장애

- 강박 및 관련 장애의 하위유형
  - 강박장애
  - 신체변형장애
  - 저장장애
  - 모발뽑기 장애 : 발모광
  - 피부 벗기기 장애 : 박피증

⑦ 외상 및 스트레스 관련 장애(Trauma-and Stress-related Disorders) : 충격적인 외상사건이나 스트레스 사건을 경험한 후 부적응 증상을 나타내는 다양한 장애들

- 외상 및 스트레스 관련 장애의 하위유형
  - 반응성 애착장애
  - 탈억제 사회관여 장애
  - 외상 후 스트레스장애
  - 급성 스트레스장애
  - 적응장애

⑧ 해리장애(Dissociative Disorders) : 의식, 기억, 자기정체감 및 환경지각 등이 평소와 달리 급격하게 변화하는 장애

- 해리장애의 하위유형
  - 해리성 정체감장애
  - 해리성 기억상실증
  - 이인증 / 비현실감 장애

⑨ 신체증상 및 관련 장애(Somatic Symptoms and Related Disorders) : 원인이 불분명한 신체증상을 호소하거나 그에 대한 과도한 염려를 나타내는 부적응 문제를 나타내는 장애

- 신체증상 및 관련 장애의 하위유형
  - 신체증상장애 : 신체화 장애
  - 질병불안장애 : 건강염려증
  - 전환장애
  - 의학적 상태에서 영향을 미치는 심리적 요인
  - 허위성 장애

⑩ 급식 및 섭식장애(Feeding and Eating Disorders) : 개인의 건강과 심리사회적 기능을 현저히 저하시키는 부적응적인 섭식행동이 나타내는 장애

- 급식 및 섭식장애의 하위유형
  - 신경성 거식증
  - 신경성 폭식증
  - 이식증
  - 반추장애
  - 회피적 · 제한적 음식섭취장애
  - 과잉섭취장애

⑪ 배설장애(Elimination Disorders) : 아동기나 청소년기에 흔히 진단되는 장애로 대소변을 가릴 충분한 나이가 되었음에도 이를 가리지 못하거나 적절하지 못한 장소에 배설하는 것

- 배설장애의 하위유형
  - 유뇨증
  - 유분증

⑫ 수면－각성장애(Sleep-Awake Disorders) : 수면의 양이나 질의 문제로 인해서 수면－각성에 대한 불만과 불평을 나타내는 다양한 장애

- 수면－각성장애의 하위유형
  - 불면장애
  - 과다수면장애
  - 수면발작 : 기면증
  - 호흡관련 수면장애 : 방해성 수면무호흡증, 중추성 수면무호흡증, 수면관련 저호흡증
  - 일주기 리듬 수면-각성장애
  - 수면곤란장애(비REM 수면－각성장애 : 몽유병, 수면 중 보행장애) : 악몽장애, 초조성 다리 증후군

⑬ 성기능장애(Sexual Dysfunctions) : 원활한 성행위를 방해하는 다양한 기능장애

- 성기능장애의 하위유형
  - 사정지연장애
  - 발기장애

- 남성 성욕감퇴장애
- 조기사정장애
- 여성 절정감 장애
- 여성 성적 관심 / 흥분장애
- 성교통증장애

⑭ 성불편증 : 성정체감 장애의 변화 : 자신에게 주어진 생물학적 성과 자신이 경험하고 표현하는 성 행동 간의 현저한 괴리로 인해서 심한 고통과 사회적 적응 곤란을 나타내는 경우

⑮ 파괴적, 충동통제장애 및 품행장애(Disruptive, Impulse-Control, and Conduct Disorders) : 정서와 행동에 대한 자기통제의 문제를 나타내는 다양한 장애

- 파괴성 장애, 충동통제장애 및 품행장애의 하위유형
  - 적대적 반항장애
  - 간헐적 폭발장애
  - 품행장애
  - 반사회성 성격장애
  - 방화광
  - 도벽광

⑯ 물질－관련 및 중독 장애(Substance-Related and Addictive Disorders) : 술, 담배, 마약 등과 같은 중독성 물질을 사용하거나 중독성 행위에 몰두함으로써 생겨나는 다양한 부적응적 증상

- 물질－관련 및 중독 장애의 하위유형
  - 물질－관련 장애 : 물질 사용 장애, 물질 유도성 장애, 물질 중독·물질 금단
  - 도벽장애

⑰ 신경인지장애(Neurocognitive Disorders) : 뇌의 손상으로 인해 의식, 기억, 언어, 판단 등의 인지적 기능에 심각한 결손이 나타나는 경우

- 신경인지장애의 하위유형
  - 주요 신경인지장애[11)]
  - 경도 신경인지장애[12)]

---

11) 뇌의 손상으로 인해 의식, 기억, 언어, 판단 등의 인지적 기능에 심각한 결손이 나타나는 경우
12) 알츠하이머 질환, 뇌혈관 질환, 충격에 의한 뇌 손상, HIV 감염, 파킨슨 질환 등에 의해 유발될 수 있다.

- 섬망[13)]

⑱ 성격장애(Personality Disorders) : 성격 자체가 부적응적이어서 사회적 기대에 어긋난 이상행동을 지속적으로 나타내는 장애

- 성격장애의 하위유형
  - 군집 A 성격장애 : 편집성, 분열성, 분열형
  - 군집 B 성격장애 : 반사회성, 경계성, 연극성, 자기애성
  - 군집 C 성격장애 : 회피성, 의존성, 강박성

⑲ 성도착장애(Paraphilic Disorders) : 성행위 대상이나 성행위 방식에서 비정상성을 나타내는 장애

- 성도착장애의 하위유형
  - 관음증
  - 노출증
  - 마찰음란증
  - 성적피학증
  - 성적가학증
  - 소아애호증
  - 물품음란증
  - 복장도착증

⑳ 향후 연구과제인 장애 유형들
  - Attenuated Psychosis Syndrome
  - Depressive Episodes with Short-Duration Hypomania
  - Persistent Complex Bereavement Disorder
  - Caffeine Use Disorder
  - Internet Gambling Disorder
  - Neurobehavioral Disorder Associated with Prenatal Alcohol Exposure
  - Suicidal Behavior Disorder
  - Nonsuicidal Self-Injury

---

13) 물질 사용, 신체적 질병과 같은 다양한 원인에 의해서 유발될 수 있다.

DSM-5 주요장애

01 외상후 스트레스 장애 (Trauma and Stressor-Related Disorder)

1) 의의

외상후 스트레스 장애(PTSD)는 1980년에 처음으로 미국 정신과 학회에서 질병으로 인정되었으며 전쟁, 대참사, 재난과 같은 일반적인 인간 경험의 범주를 넘어서는 충격적인 외상 사건을 경험한 후에, 그 후유증으로 발생하는 장애를 의미한다. 그러나 최근의 연구결과의 보고에 의하면, 전쟁이나 재난과 같은 일반적인 인간경험의 범주를 넘어선 외상사건 뿐만 아니라, 자동차 사고, 강간, 이별, 창피를 당한 경험, 심한 좌절의 경험, 심각한 질병이나 신체적 장애, 심한 불안의 경험, 고문, 유괴, 가족으로부터의 학대 등을 경험하고 난 뒤에도 외상후 장애의 증상들이 나타날 수 있다고 한다.

2) 외상후 스트레스 장애(PTSD) -DSM-5 진단기준-

1 실제적인 것이든 위협을 당한 것이든, 죽음, 심각한 손상, 또는 성적인 폭력을 다음 1가지 이상의 방식으로 경험한다.
  1) 외상 사건을 직접 경험하는 것
  2) 외상 사건이 다른 사람에게 일어나는 것을 직접 목격하는 것
  3) 외상 사건이 가까운 가족이나 친구에게 일어났음을 알게 되는 것
  4) 외상 사건의 혐오스러운 세부 내용에 반복적으로 또는 극단적으로 노출되는 것(전자매체, tv, 영화, 사진을 통한 것은 아니다)

2 외상적 사건이 발생한 이후에 외상 사건과 관련된 침투 증상이 다음 중 1가지 이상 나타난다.
   1) 외상 사건에 대한 고통스러운 기억의 반복적이고 침투적인 경험(6세 이상의 아동에서는 외상 사건의 주제나 특징을 반영하는 반복적인 놀이로 표현될 수 있다)
   2) 외상 사건과 관련된 고통스러운 꿈의 반복적 경험
   3) 외상 사건이 실제로 일어난 것처럼 느끼고 행동하는 해리반응(예, 플래시백). 이러한 반응은 다양하고 정도의 차이는 있지만 현재 주변 상황을 전혀 인식하지 못하는 상태가 가장 극단적인 경우이다(아동에서는 외상-특징적 재현이 놀이에서 나타날 수 있다)
   4) 외상 사건(들)을 상징하거나 유사한 내부 또는 외부의 단서에 노출되었을 때 나타나는 극심하거나 장기적인 심리적 고통
   5) 외상 사건(들)을 상징하거나 유사한 내부 또는 외부의 단서에 대한 뚜렷한 생리적 반응

3 외상성 사건(들)이 일어난 후에 시작된, 외상성 사건(들)과 관련이 있는 자극에 대한 지속적인 회피가 다음 중 한 가지 또는 2가지 모두에서 명백하다.
   1) 외상성 사건(들)에 대한 또는 밀접한 관련이 있는 고통스러운 기억, 생각 또는 감정을 회피 또는 회피하려는 노력
   2) 외상성 사건(들)에 대한 또는 밀접한 관련이 있는 고통스러운 기억, 생각 또는 감정을 불러일으키는 외부적 암시(사람, 장소, 대화, 행동, 사물, 상황)를 회피 또는 회피하려는 노력

4 외상성 사건(들)이 일어난 후에 시작되거나 악화된, 외상성 사건(들)과 관련이 있는 인지와 감정의 부정적 변화가 다음 중 2가지(또는 그 이상)에서 나타난다.
   1) 외상성 사건(들)의 중요한 부분을 기억할 수 없는 무능력(두부 외상, 알코올 또는 약물 등의 이유가 아니며 전형적으로 해리성 기억상실에 기인)
   2) 자신, 다른사람 또는 세계에 대한 지속적이고 과장된 부정적인 믿음 또는 예상(예, "나는 나쁘다." "누구도 믿을 수 없다." "이 세계는 전적으로 위험하다")
   3) 외상성 사건(들)의 원인 또는 결과에 대하여 지속적으로 왜곡된 인지를 하여 자신 또는 다른 사람을 비난한다.
   4) 지속적으로 부정적인 감정 상태(예, 공포, 경악, 화, 죄책감 또는 수치심)
   5) 주요활동에 대해 현저하게 저하된 흥미 또는 참여
   6) 다른 사람과의 사이가 멀어지거나 소원해지는 느낌
   7) 긍정적 감정을 지속적으로 느끼지 못한다.(예, 행복, 만족 또는 사랑의 느낌을 지속적으로 느끼지 못한다)

5	외상성 사건(들)이 일어난 후에 시작되거나 악화된, 외상성 사건(들)과 관련이 있는 각성과 반응성의 뚜렷한 변화가 다음 중 2가지(또는 그 이상)에서 현저하다. 1) (자극이 거의 없거나 아예 없이) 전형적으로 사람 또는 사물에 대한 언어적 또는 신체적 공격성으로 표현되는 민감한 행동과 분노폭발 2) 무모하거나 자기파괴적 행동 3) 과각성 4) 과장된 놀람 반응 5) 집중력의 문제 6) 수면 교란(예, 수면을 취하거나 유지하는데 어려움 또는 불안정한 수면)
6	장애(진단기준 2, 3, 4 그리고 5)의 기간이 1개월 이상이어야 한다.
7	장애가 사회적, 직업적, 또는 다른 중요한 기능 영역에서 임상적으로 현저한 고통이나 손상을 초래한다.
8	장애가 물질(예, 치료약물이나 알코올)의 생리적 효과나 다른 의학적 상태로 인한 것이 아니어야 한다.

3)

유전적 또는 체질적 취약성, 아동기의 외상적 경험, 성격 특성, 사회적 지지체계의 부족, 최근 생활의 스트레스나 변화와 같은 개인적 위험요인을 지닌 사람들이 외상사건 후 이 장애를 나타내기 쉽다.

4) 인지적 입장

충격적인 외상경험이 개인의 신념체계에 수용되지 못하여 발생하는데 외상 사건이 제공하는 대량의 정보가 인지적 과부하를 유발하고 인지 체계를 통합되지 못하여 발생하게 된다고 본다.

5) 급성 스트레스 장애

외상 후 스트레스 장애와 매우 유사한 증상을 나타내는 불안장애로 외상 경험 후에 단기간 해리 증상이 나타나는 경우이다.

6) 외상후 스트레스 장애(PTSD)의 원인

외상을 경험한다고 해서 누구나 PTSD증상을 보이는 것은 아니기 때문에 개인적 취약성 요인이 원인이 된다. 예를 들면 참전군인이나 소방관이 보통 사람들보다 PTSD에 걸릴 확률이 높다. 생물학적 요인과 유전적 요인을 살펴보면 외상 사건은 뇌와 신체에 물리적 변화를 일으켜 스트레스 반응으로 이어지면서 PTSD로 나타나게 된다.

7) 외상후 스트레스 장애(PTSD)의 치료

Foa와 Riggs는 외상후 스트레스 장애 환자에게 지속적 노출법을 제시하고 있는데, 이는 외상적 사건에 대한 기억과 연관된 불안을 감소시키는 데에 초점을 맞추고 있다. 외상적 사건을 단계적으로 떠올리게 하여 불안한 기억에 반복적으로 노출시킴으로써 궁극적으로 외상적 사건을 큰 불안없이 직면하도록 유도한다. 아울러 외상적 사건과 관련된 기억을 재구성하여 기존의 인지도식에 통합시키는 작업이 이루어진다.

인지처리치료는 외상사건을 세밀하게 재평가하여, 외상후 스트레스 장애 환자가 외상사건에 두고 있는 자신만의 부정적인 내용의 이미지와 의미를 다시 수정하도록 만들어서, 외상사건에 대한 충격적인 외상기억의 반복적인 재경험을 줄임으로써 외상 후 스트레스 장애를 치료하는 방법이다.

EMDR은 지금부터 약 30년 전인 1987년, 미국의 프랜신 샤피로라는 사람에 의해 우연히 발견되었으며 2004년, 미국정신의학회는 외상 후 스트레스 장애의 치료에 EMDR을 가장 효과적인 치료 방법 중 하나로 선택하였다.

02 주요 우울장애 (Major Depressive Disorder)

1) 의의

주요 우울장애는 슬픔, 공허감, 낙담, 우울감 등의 기분과 더불어 신체적 증상과 인지적 증상으로 인한 부적응 증상을 의미한다. 우울장애의 임상적 특징으로는 정서장애, 사고장애, 지각장애, 행동장애, 신체증상 등이 있다. 우울증은 다양한 유형으로 구분할 수 잇는데 첫째는 증상을 유발한 외부적 촉발사건이 있는지 여부에 따라서 외인성 우울증과 내인성 우울증을 구분하며, 우울증상의 심각성에 따라 신경증적 우울증과 정신증적 우울증으로 구분하기도 한다.

2) 주요 우울장애 -DSM-5 진단기준-

1 다음의 증상 가운데 5가지(또는 그 이상)의 증상이 거의 매일 2주 연속으로 지속되며 이전의 기능 상태와 비교할 때 변화를 보이는 경우, 증상 가운데 적어도 하나는 (1) 우울 기분이거나 (2) 흥미나 즐거움의 상실이 있어야 한다.

1) 하루 중 대부분 그리고 거의 매일 지속되는 우울 기분에 대해 주관적으로 보고(슬픔, 공허감 또는 절망감)하거나 객관적으로 관찰된다.(예, 눈물 흘림)
2) 거의 매일, 하루 중 대부분, 거의 또는 모든 일상 활동에 대해 흥미나 즐거움이 뚜렷하게 저하된다.
3) 체중 조절을 하고 있지 않은 상태에서 의미 있는 체중의 감소 (예, 1개월 동안 5% 이상의 체중 변화)나 체중의 증가, 거의 매일 나타나는 식욕의 감소나 증가가 있다.(주의점 : 아동에서는 체중 증가가 기대치에 미달되는 경우)
4) 거의 매일 나타나는 불면이나 과다수면
5) 거의 매일 나타나는 정신운동 초조나 지연(객관적으로 관찰 가능하다. 단지 주관적인 좌불안석 또는 처지는 느낌뿐만이 아니다.)
6) 거의 매일 나타나는 피로나 활력의 상실
7) 거의 매일 나타나는 무가치감 또는 과도하거나 부적절한 죄책감(망상적일 수도 있는)을 느낀다.(단순히 병이 있다는데 대한 자책이나 죄책감이 아니다)
8) 거의 매일 나타나는 사고력이나 집중력의 감소 또는 우유부단함(주관적인 호소나 객관적인 관찰 가능하다.)
9) 반복적인 죽음에 대한 생각(단지 죽음에 대한 두려움이 아닌), 구체적인 계획 없이 반복되는 자살 사고, 또는 자살 시도나 자살 수행에 대한 구체적인 계획

2 증상이 사회적, 직업적, 또는 다른 중요한 기능 영역에서 임상적으로 현저한 고통이나 손상을 초래한다.

3 우울 삽화가 물질의 생리적 효과나 다른 의학적 상태로 인한 것이 아니다.
주의점 : 진단기준 (1)부터 (3)까지는 주요우울 삽화를 구성하고 있다.
주의점 : 중요한 상실(예, 사별, 재정적 파탄, 자연재해로 인한 상실, 심각한 질병이나 장애)에 대한 반응으로 진단기준 A에 기술된 극도의 슬픔, 상실에 대한 반추, 불면, 식욕 저하, 그리고 체중의 감소가 나타날 수 있고 이는 우울 삽화가 유사하다. 비록 그러한 증상이 이해될 만하고 상실에 대한 적절하다고 판단된다 할지라도 정상적인 상실 반응 동안에 주요우울 삽화가 존재한다면 이는 주의 깊게 다루어져야 한다. 이러한 결정을 하기 위해서는 개인의 과거력과 상실의 고통을 표현하는 각 문화적 특징을 근거로 한 임상적인 판단이 필요하다.

4 주요우울 삽화가 조현정동장애, 조현병, 조현양상장애, 망상장애, 달리 명시된, 또는 명시되지 않는 조현병 스펙트럼 및 기타 정신병적 장애로 더 잘 설명되지 않는다.

5 조증 삽화 혹은 경조증 삽화가 존재한 적이 없다.
주의점 : 조증 유사 혹은 경조증 유사 삽화가 물질로 인한 것이거나 다른 의학적 상태의 직접적인 생리적 효과로 인한 경우라면 이 제외 기준을 적용하지 않는다.

3) 주요 우울장애의 원인

주요 우울장애의 원인은 어느 한 가지로 결정되는 것이 아니라, 개인의 생물학적 취약성, 환경적 취약성, 심리적 취약성과의 상호작용에 의해 유발되며, 생물학적 취약성은 유전적 요인과 신경전달물질의 불균형, 뇌구조의 기능장애, 내분비계통인 호르몬의 이상, 생물학적인 생체리듬 등이 관여하고, 환경적 취약성은 우울증을 일으키는 부정적 생활 사건들, 스트레스 요인과 밀접한 관련이 있으며, 신경증적 경향성과 같은 심리적 취약성과 관련이 있다.

4) 우울증의 심리적 취약성을 설명하는 이론

정신분석적 이론의 관점에서는 우울증을 무의식적 동기에서 발생한 심리적 갈등의 문제로 해석하며 자신의 중요한 대상에 대한 무의식적 상실감에 따른 반응이라고 프로이트는 보았다. 이러한 상실감은 대상에 대한 분노 감정으로 발전하여 자아를 약하게 만들어 우울증을 발생시킨다고 보았다.

행동주의적 이론의 관점에서는 우울증을 생활 속에서의 부정적 사건을 겪는 과정에서 더 민감한 부정적 평가를 내리기 때문에, 이러한 우울증의 발생은 혐오적 불쾌경험의 증가에 기인한다고 보고 있다. 그리고 셀리그만이 주장한 주요 이론인 '학습된 무기력이론'은 조건형성 실험과정에서 발견되었으며 무기력이 학습되어 변화를 위한 노력이 좌절되면 무기력한 행동을 하게 된다는 것을 설명하고 있다.

인지적 이론의 관점에서 아론 벡은 우울증의 가장 주된 원인은 부정적이고 비관적인 사고라고 해석하고 있다. 이러한 부정적인 사고가 우울한 기분을 발생시키고 나중에는 자동적 사고로 연결된다고 설명하고 있다.

5) 치료

우울장애에 대한 가장 효과적인 치료방법은 인지치료와 정신역동적 치료, 그리고 약물치료로 구분될 수 있다.

먼저 인지치료에 대해서 살펴보자면, 인지치료는 우울장애 환자의 인식과 사고를 탐색하여 인지적 왜곡을 찾아내어 그들의 비합리적인 사고와 인지적 왜곡을 합리적인 사고와 신념을 가질 수 있도록 유도하여 환자로 하여금 자신을 통제하는 능력을 향상시킨다. 또한 현실에 효과적으로 적응하는 능력을 키우게 된다. 인지치료의 핵심은 환자 자신과 세상에 대한 비합리적인 믿음으로 이루어져 있는 역기능적 비합리적 신념을 통찰함으로써, 보다 적응적이고 합리적인 신념을 가질 수 있도록 도움을 주는 데에 있다. 인지치료는 우울장애 환자를 우울하게 만드는 자동적 사고와 비합리적 신념을 수정하기 위해서, A-B-C

-D-E기법, 소크라테스식 대화법, 일일기록표 방법 등의 다양한 방법을 사용하고 있다.

정신역동적 치료는 우울장애 환자의 무의식적 갈등을 파악하여 이것을 치료자가 해석해 주고, 환자는 자신의 무의식적 좌절과 대인관계방식을 이해함으로서, 환자 자신이 중요한 타인에 대해 가지고 있던 분노감정과 억압을 자각하게 하는 치료방법이다.

약물치료는 우울장애에 대한 가장 대표적인 물리적 치료법으로서, 삼환계 항우울제, MAO 억제제, 세로토닌 재흡수 억제제이다. 특히 삼환계 항우울제는 주요 우울장애에 치료적 효과가 있는 것으로 보고되고 있다.

6) 자살

우울장애와 관련하여 주목할 문제는 자살이다. 이러한 자살을 유발하는 가장 중요한 심리적 요인은 절망감이다. 이처럼 절망적이고 고통스러운 상황에서 벗어날 수 있는 최선의 해결방법으로 자살을 선택하게 된다. 자살은 흔히 부정적인 생활사건에 의해서 촉발된다. 특히 자살에 대한 취약성 또는 위험요인을 지니고 있는 사람들이 부정적 생활사건에 직면하여 자살이라는 방법을 택하게 된다. 우리나라는 10만 명 당 자살자 수가 23.7명이었던 2004년 '1차 자살예방종합대책'을 마련했지만 오히려 자살자 수는 2008년 10만 명당 26명으로 늘었다. 2009년에는 '2차 자살예방종합대책'도 수립했으나 2011년의 자살률은 31.7명으로 역대 최고 기록을 세웠다. 통계청이 발표한 '2014년 사망 원인 통계'에 따르면 지난해 자살로 사망한 사람은 1만3836명이다. 하루 38명, 일주일 265명, 한 달 1153명 꼴이다. 한국의 자살률은 11년째 OECD 국가 중 1위이다. 2011년을 기준으로 보면 한국의 자살률은 OECD평균보다 2.7배나 높다. 그리고 소방청 자료에 따르면, 최근 5년 7개월간 자살한 소방관 인원수는 '12년 6명, '13년 7명, '14년 7명, '15년 12명, '16년 6명, '17년(7월말 기준) 9명 등 총 47명인 것으로 집계됐다. 지역별로 보면 경기가 9명으로 전국에서 가장 많았으며, 서울(7명), 경북(6명), 부산(5명), 충북(4명), 강원·전북·전남(각 3명) 등이 그 뒤를 이었다. 매년 연례적으로 자살사고가 일어나고 있는 상황에서 소방관들의 정신과 진료상담까지 10배 증가한 것이 밝혀졌다.

03 범불안장애 (Generalized Anxiety Disorder)

1) 의의

범불안장애는 다양한 상황에서 만성적 불안과 과도한 걱정을 나타내는 경우를 말하며 일상생활 속에서 겪게 되는 여러 가지 사건이나 활동에 대해서 지나치게 걱정함으로써 지속적인 불안과 긴장을 경험한다. 불안한 느낌이 과도하게, 광범위하게 그리고 다양한 신체증상을 동반하여 지속되는 상태근거를 찾기 어려운 부동성 불안(뚜렷한 이유 없이 막연히 불안) 및 자율신경 과민증상이 특징이다. 범불안장애 환자는 안절부절해하며, 긴장과 벼랑에 선 듯한 느낌을 지속적으로 경험하며, 쉽게 피로해지고 집중곤란, 공허감을 느끼며, 쉽게 짜증을 경험하고 근육긴장과 수면장애를 경험한다. 이러한 불안이 적어도 6개월 간 지속될 경우에 범불안장애로 진단된다.

범불안장애의 불안은 개인에 의해 통제되기 어렵다는 점에서 정상적인 불안과 다르다. 대부분의 사람들은 시험이나 취업 같은 중요한 문제를 앞두고 일정 기간 동안 불안하게 지내기는 하지만, 곧 그 일의 해결과 함께 더 이상 불안해하지 않는다. 예를 들어 가족 중에 병을 앓고 있는 사람이 있어도 중요한 시험을 준비하고 있다면 잠시 이에 대한 걱정을 접어둘 수 있다. 그러나 이 환자에겐 크고 작은 많은 일들이 동시에 걱정의 대상이 되며, 중요한 한 가지 불안문제가 해결되면 곧 다른 불안의 대상이 등장한다. 이렇게 계속적으로 이어지는 불안으로 어떤 과제에도 집중할 수 없게 된다. 이들이 느끼는 불안은 생활 전반에 관한 다양한 주제들로 이리저리 옮겨 다니기 때문에 부동성 불안이라고 부르기도 한다.

2) 범불안장애 -DSM-5 진단기준-

1 여러 사건이나 활동(일 또는 학업)에 대해 과도한 불안과 걱정을 하고 그 기간이 최소한 6개월 이상으로 그렇지 않은 날보다 그런 날이 더 많아야 한다.

2 자기 스스로 걱정을 조절하기 어렵다고 느낀다.

3 불안과 걱정은 다음의 6가지 증상 중 적어도 3가지 이상의 증상과 관련이 있다. (지난 6개월 동안 적어도 몇 가지 증상이 있는 날이 없는 날보다 더 많다.)
주의점 : 아동은 1가지 증상만 충족해도 된다.
1) 안절부절못함 또는 긴장이 고조되거나 가장자리에 선 듯한 느낌
2) 쉽게 피곤해진다.
3) 주의집중이 어렵거나 정신이 멍한 듯한 느낌
4) 과민성
5) 근육의 긴장
6) 수면장애(잠들기 어렵거나 수면상태를 유지하기가 어렵거나 밤새 뒤척이면서 불만족스러운 수면 상태)

4 불안이나 걱정, 혹은 신체 증상이 사회적, 직업적 또는 다른 중요한 기능 영역에서 임상적으로 현저한 고통이나 손상을 초래한다.

5 이러한 장애가 물질(예, 남용약물, 치료약물)이나 다른 의학적 상태(예, 갑상선 기능항진증)의 생리적 효과로 인한 것이 아니어야 한다.

6 이러한 장애가 다른 정신장애로 더 잘 설명되지 않는다.
(예, 공황장애에서 공황발작을 일으키는 것, 사회불안장애 [사회공포증]에서 부정적 평가, 강박장애에서 오염이나 다른 강박적사고, 분리불안장애에서 애착대상과의 분리, 외상후 스트레스 장애에서 외상적 사건의 기억단서, 신경성 식욕부진증에서 체중 증가, 신체증상장애에서 신체적 불편, 신체변형장애에서 지각된 신체적 결점, 질병불안장애에서 심각한 질병, 조현병이나 망상장애에서 망상적 믿음의 내용에 대해 불안해하거나 걱정하는 것)

3) 범불안장애의 원인

생물학적 입장에서는 불안의 뇌생리학적 기제를 밝히려는 연구들이 활발하게 이루어지고 있으며, 정신분석적 입장에서는 성격 구조간의 역동적 불균형에 의해 경험되는 부동불안이 범불안장애의 핵심적 증상이라고 보며, 불안이란 해결되지 않은 무의식적 갈등이 표현된 증상이라고 하는데, 부동불안은 무의식적 자아가 이를 통제하기 어려운 상태에서 흔히 나타나는 심리적 현상으로 보고 있다. 그리고 행동주의적 입장에서는 불안장애를 환경자극에 대해서 조건형성된 학습의 결과로 보며, 인지적 입장에서는 불안한 사람들은 자신들이 위험에 처해 있다고 지각하는 경향이 있다고 본다. 범불안장애를 지닌 사람들은 일반적으로 다음과 같은 4가지의 인지적 특성을 나타낸다. ① 주변의 생활환경 속에 존재하는 잠재적인 위험에 관한 정보에 관심이 많으며 일상생활 속에서 부

정적 결과를 초래할 가능성이 있는 위험한 단서를 예민하게 포착하는 경향이 있다. ② 불안한 사람들은 잠재적인 위험이 실제로 위험한 사건이 발생할 확률을 과도하게 높이 평가한다. 예컨대 자신이나 가족이 교통사고를 당할 확률, 질병에 걸릴 확률 등을 일반적인 경우보다 높게 평가한다. ③ 위험한 사건이 실제로 발생할 경우에 나타날 수 있는 부정적인 결과를 지나치게 치명적인 것으로 평가한다. ④ 이들은 위험한 사건이 발생할 경우 자신이 대처할 수 있는 능력을 과소평가한다. 불안한 사람들이 이러한 인지적 특성을 나타내는 이유는 위험에 관한 인지도식이 발달되어 있기 때문이다. 이로 인하여 범불안장애가 발생한다고 보는 입장이다.

4) 범불안장애의 치료

약물치료보다 심리치료가 더 효과적인데, 정신역동치료는 불안장애 환자의 무의식적 갈등을 해결하기 위해 자유연상이나 전이의 분석 및 꿈 분석의 방법을 적용하며, 환자가 무기력감이 두드러지면 자기효능감을 높이는 인지행동기법이 효과적이고, 불안이 두드러지면 체계적 둔감화 기법이 효과적이다. 약물치료로는 자극에 대한 과민성을 줄이고 사고와 행동을 감소시키는 진정효과를 지닌 벤조디아제핀 계열의 항불안제가 사용된다. 최근 인지치료의 제3동향인 마음챙김 인지치료나 수용전념치료는 환자가 걱정을 포함하여 생각이 일어나면 생각을 없애기보다는 생각의 흐름을 마치 파도타기 하듯이 단순한 마음의 사건으로 인정하고 수용하도록 돕는 방법이다. 이러한 치료법은 범불안장애 치료에 매우 효과적이다.

04 특정 공포증 (Phobia)

1) 증상

공포증은 특정한 대상이나 행동, 상황에 처했을 때 비현실적인 두려움과 불안 증세가 생겨서 이를 극복하지 못하고 그 대상이나 상황을 피해버리는 장애이다. 공포자극에 노출되면, 거의 예외 없이 즉각적인 불안반응을 일으키며 때로 공황발작과 유사한 반응을 보이게 된다.

공포증은 범불안장애의 경우보다 훨씬 심한 강도의 불안과 두려움을 포함한다. 공포증은 공포를 느끼는 대상과 상황의 종류에 따라 특정공포증, 광장공포증, 사회공포증(사회불안장애)으로 구분된다.

2) 분류

광장공포증, 사회 불안장애(공공장소, 또는 사회적 상황에서 다른 사람에게 관찰되는 것 또는 모욕적이 되는 것이다. 당황하게 되는 것을 두려워해서 회피반응을 보인다), 특정공포증(특정 대상에 대한 공포증으로서, 그 대상에서는 동물, 주사, 혈액, 자동차, 지하철 등이 있다)이 있다.

3) 원인과 치료

특정 공포증의 원인에 대한 여러 가지 이론들이 있지만 아직 그 원인에 대해서 한 가지 이론으로 설명할 수 있는 결정적인 이론은 없다. 특정 공포증의 원인은 환자 개개인에 따라 여러 가지 발병 메커니즘이 복합적으로 작용하는 것으로 생각하고 있다.

생물학적 이론에 의하면 특정 공포증의 유전적 소인을 강조하는 것으로, 유전적 소인중의 하나로서, 뇌의 신경 전달물질 등을 연구함으로서 관련되어 있음을 주장하고 있다. 또한 정신생리학적 이론이 있는데 이에 의하면 어린 시절에 경험했던 불안과 갈등이 공포증을 유발하는 요인이 될 수 있다는 것이다. 다시 말해서 어린 시절에 경험했던 중요한 정신적 외상경험이 시간이 흘러서 특정 공포증으로 나타나는 경우도 있다.

인지이론은 특정 공포증의 원인을 왜곡된 사고가 특정 공포증을 지속시키는 요인이라고 주장한다. 예를 들면, 공포중 환자들 중에는 본인과 관련된 상황을 부정적으로 과대평가하는 반면에 자신의 극복능력에 대해서는 지나칠 만큼 과소평가하는 파국적 사고형을 갖고 있는 경우가 많기에 불안과 공포를 일으킬만한 특정 상황에 처하게 되면, 왜곡된 사고와 비합리적인 믿음으로 본인이 처해있는 상황을 더욱 악화시켜 공포감을 증폭시키게 된다.

05 공황장애 (Panic Disorder)

1) 의의

공황장애는 갑자기 엄습하는 강렬한 불안, 즉 공황발작을 반복적으로 경험하는 장애를 말하며 즉 예상하지 못한 상황에서 갑작스럽게 밀려오는 극심한 공포, 곧 죽지 않을까 하는 강렬한 불안을 경험하는 장애를 말한다.

2) 공황장애 -DSM-5 진단기준-

1 반복적으로 예상하지 못한 공황발작이 있다. 공황발작은 극심한 공포와 고통이 갑작스럽게 발생하여 수분 이내에 최고조에 이르러야 하며, 그 시간 동안 다음 중 4가지 이상의 증상이 나타나야 한다. 1) 심장 박동이 불규칙하거나 빨라진다. 2) 온몸에 식은땀이 난다. 3) 몸 전체나 손과 발 등이 떨린다. 4) 호흡이 편치 않고 가슴이 답답하다. 5) 질식해서 죽을 것 같은 불안 6) 흉통 및 흉부 압박감을 느낌 7) 속 메스꺼움 및 더부룩하다. 8) 어지럼증 및 기절할 것 같은 느낌 9) 발열 및 오한 10) 감각이상(피부가 둔하거나 따끔거리는 느낌) 11) 비현실적 느낌 및 이인증 12) 자제력을 잃을 것 같은 두려움 13) 죽을지도 모른다는 두려움
2 적어도 1회 이상의 발작 이후에 다음 2가지 중 1개 이상의 증상이, 1개월 이상 나타나야 한다. 1) 추가적인 공황발작이나 그에 대한 결과(예, 통제를 잃는다, 심장발작을 일으킨다. 미치는 것)에 대한 지속적인 걱정 2) 발작과 관련된 행동으로 현저하게 부적응적인 변화가 일어난다. (예, 공황발작을 회피하기 위한 행동으로 운동이나 익숙하지 않은 환경을 피하는 것 등)
3 장애는 물질(예, 남용 약물, 치료약물)의 생리적 효과나 다른 의학적 상태(예, 갑상선기능항진증, 심폐 질환)로 인한 것이 아니어야 한다.
4 장애가 다른 정신질환으로 더 잘 설명되지 않는다. (예, 사회불안장애에서처럼 공포스러운 사회적 상황에서만 발작이 일어나서는 안 된다. 특정 공포증에서처럼 공포 대상이나 상황에서만 나타나서는 안 된다. 강박장애에서처럼 강박 사고에 의해 나타나서는 안 된다. 외상 후 스트레스 장애에서처럼 외상성 사건에 대한 기억에만 관련되어서는 안 된다. 분리불안장애에서처럼 애착 대상과의 분리에 의한 것이어서는 안 된다).

3) 공황장애 특징

공황장애는 예기치 못한 공황발작과 더불어 그에 대한 예기불안을 주된 특징으로 하며, 공황발작이 다시 일어나는 것에 대한 계속적인 걱정과 더불어 공황발작의 결과에 대한 근심(예, 심장마비가 오지 않을까, 미치지 않을까 하는 걱정)을 나타내며 부적응적인 행동변화(예, 심장마비가 두려워서 일체의 운동을 그만두거나 응급실이 있는 대형병원 근처로 이사가는 것)를 수반하게 된다.

4) 공황장애 원인

공황장애의 원인에 대한 주장으로는 자율신경계의 결함으로 인한 과잉호흡이 공황장애를 일으킨다는 생물학적인 원인론과 심리적 원인론으로 나누어진다. 정신분석이론의 입장에서는 공황증상이 분리불안과 연관되어 있다는 견해와 공황증상은 불안을 야기하는 방어기제의 실패로 발생한다는 견해 등으로 구분할 수 있다. 인지적 이론의 입장에서의 대표적인 Clark 인지이론은 공황발작이 신체감각을 위협한 것으로 잘못 해석하는 파국적 오해석에 의해 유발된다고 보았다. 공황장애 환자들은 평소보다 강하거나 불규칙한 심장박동이나 흉부통증을 심장마비의 전조로 호흡곤란을 질식에 의한 죽음으로 파국적인 해석을 하거나 통제불능 상태로 파국적인 해석함으로써 공황장애를 경험하게 된다.

06 성격장애 (Personality Disorder)

1) 의의

성격장애(Personality Disorders)는 인격장애라고도 불리며, 개인의 습관이나 사고하는 방식이 어린 시절부터 서서히 발전하여 성인기에 개인의 성격으로 형성되어 사회적인 기준에서 극단적으로 벗어나서 심리적 특성이 사회생활을 영위하는 데에 있어서 문제를 일으키는 장애를 의미한다. 이러한 성격장애는 대인관계에서 상당한 장애를 초래할 가능성이 높으며, 개인적인 고통을 초래하게 된다. 충격적인 사건을 유발할 뿐만 아니라, 가정이나 학교, 직장에 잘 적응하지 못하는 것도 성격장애가 원인인 경우가 대부분이다. 성격장애의 특징 중 하나는 자기에 대한 지나친 기대로 인하여 상처를 받기가 쉽다는 점이다. 최근 우리 사회에서 문제가 되고 있는 우울증이나 자폐증, 게임중독 등과 같은 현상들도 이러한 문제가 내재되어 있을 가능성이 높다고 볼 수 있다.

1 내적 경험과 행동의 지속적인 유형이 개인이 속한 문화에서 기대되는 바로부터 현저하게 편향되어 있다. 이러한 형태는 다음 중 2가지(또는 그 이상)에서 나타난다.
   1) 인지(자신과 다른 사람 및 사건을 지각하는 방법)
   2) 정동(감정 반응의 범위, 불안정성, 적절성)
   3) 대인관계 기능
   4) 충동 조절

2 지속적인 유형이 개인의 사회 상황의 전 범위에서 경직되어 있고 전반적으로 나타난다.

3 지속적인 유형이 사회적, 직업적, 또는 다른 중요한 기능 영역에서 임상적으로 현저한 고통이나 손상을 초래한다.

4 유형은 안정적이고 오랜 기간 동안 있어왔으며 최소한 청년기 혹은 성인기 초기부터 시작된다.

5 지속적인 유형이 다른 정신질환의 현상이나 결과로 더 잘 설명되지 않는다.

6 지속적인 유형이 물질(예, 남용약물, 치료약물)의 생리적 효과나 다른 의학적 상태(예, 두부손상)로 인한 것이 아니다.

2) 성격장애 하위유형 구분

① A군 성격장애 : 사회적으로 고립되어 있고, 기이한 성격특성(Odd, Eccentric)

② B군 성격장애 : 정서적이고 극적인 성격특성(Dramatic, Emotional, Erratic)

③ C군 성격장애 : 불안하고 두려움을 많이 느끼는 특성(Anxious, Fear)

3) A군 성격장애

■ 편집성 성격장애(Paranoid Personality Disorder)

① 의의 : 합리적인 근거를 가지지 않고 타인에 대한 강한 불신과 의심을 나타내고 경계하여, 사회적으로 부적응을 나타내는 성격장애를 편집성 성격장애라고 한다. 편집성 성격장애를 지닌 사람들은 타인의 선의를 그대로 받아들이지 않고 부정적으로 해석하기 때문에 친밀한 대인관계를 맺기가 어렵고 주변 사람들과 적대적인 관계를 형성하는 특징을 지니고 있다

② DSM-5 진단기준

1 다른 사람의 동기를 악의가 있는 것으로 해석하는 등 타인에 대한 전반적인 불신과 의심이 있으며, 이는 성인기 초기에 시작되며 여러 상황에서 나타나고 다음 중 4가지(또는 그 이상)로 나타난다.
   1) 충분한 근거 없이, 다른 사람이 자신을 관찰하고 해를 끼치고 기만한다고 의심한다.
   2) 친구들이나 동료들의 충정이나 신뢰에 대한 근거없는 의심에 사로잡혀 있다.
   3) 어떠한 정보가 자신에게 나쁘게 이용될 것이라는 잘못된 두려움 때문에 다른 사람에게 비밀을 털어놓기를 꺼린다.
   4) 보통 악의 없는 말이나 사건에 대해 자신의 품위를 손상하는 또는 위협적 의미가 있는 것으로 해석한다.
   5) 지속적으로 원한을 품는다. 즉, 모욕이나 상처줌 혹은 경멸을 용서하지 못한다.
   6) 다른 사람에겐 분명하지 않은 자신의 성격이나 평판에 대한 공격으로 지각하고 곧 화를 내고 반격한다.
   7) 정당한 이유 없이 애인이나 배우자의 정절에 대해 반복적으로 의심한다.

2 조현병, 정신병적 양상을 동반한 양극성 장애 또는 우울장애, 다른 정신병적 장애의 경과 중 발생한 것은 여기에 포함시키지 않으며, 다른 의학적 상태의 생리적 효과로 인한 것이 아니다.

③ 원인 : 편집성 성격장애는 어린 시절의 성장과정을 통해 부모의 엄격함이나 불합리한 양육태도로 인하여 생긴 분노를 속으로 쌓이면서 성장한 데서 비롯되는 경우가 많다. 즉, 편집성 성격장애원인은 자신과 부모를 동일시함으로써 그 분노를 다른 사람에게 투사하게 된 결과로 인하여 나타난다고 보고 있다. 이러한 편집성 성격장애는 일생동안 지속되는 경우도 있지만 성숙함에 따라서 혹은 스트레스가 줄어듬에 따라서 편집성 경향이 적절한 도덕적 관심 또는 애타주의적 관심을 갖는 방향으로 완화되기도 한다.

Freud는 편집성 성격장애의 발생원인을 무의식적인 욕구의 불안을 제거하기 위해 방어기제를 사용하기 때문이라고 주장한다. Cameron(1963)은 자신과 타인에 대한 가학적 태도를 내면화하여 편집성 성격장애가 발생한다고 보았다. 신뢰의 부족으로 인하여 타인의 공격, 경멸, 비난에서 자신을 보호하기 위해 타인의 의도를 경계하고 자신의 적대감과 비판적 태도를 자각하지 못하는 특성으로 인해 편집성 성격장애를 강화하게 된다고 설명한다.

④ 치료 : 불신적이고 적대적인 경향으로 인해 치료적 관계 형성이 어렵다. 왜곡된 감정을 섣불리 지적하고 수정하려는 노력은 내담자의 긴장과 방어적 태도를 유발할 수 있다.

편집성 성격장애의 특징 중 하나는 주변 사람과 소통하지 않고 자신의 감정을 글로 쓰거나 간접적으로 표현하거나, 다른 사람의 행동을 의도적으로 자기를 기죽이려하거나 위협하는 행동이라 해석하며, 늘 남들이 자신을 괴롭히고 착취하고 해치려 한다고 예상하는 성향이 있다. 따라서 편집성 성격장애의 치료를 위해서는 신뢰관계를 기초로 하여, 내담자의 갈등을 표출하도록 하여 자신의 욕구나 충동을 인지할 수 있도록 해야 한다. 또한 약물치료나 행동치료가 병행될 수 있다.

분열성 성격장애(Schizoid Personality Disorder)

① 의의 : 분열성 성격장애는 다른 사람과의 유대감 있는 관계형성에는 별다른 관심이 없으며 감정표현력이 부족하여 사회생활 적응에 극심한 어려움을 나타내는 성격장애를 의미한다. 이런 분열성 성격장애를 지닌 사람들의 특징은 다양한 현태의 사회적 유대로부터 반복적으로 유리되고, 대인관계에서 제한된 범위의 감정 표현이 전반적으로 나타나고, 분노를 잘 표현하지 못하고, 직접적인 도발에도 마치 감정이 없는 사람처럼 보이며, 불리한 상황에서 소극적인 반응을 보이고 중요한 인생의 사건에서 적절하게 반응하는데 어려움을 겪으며, 친구가 거의 없고, 종종 결혼도 하지 않으며, 대인관계를 해야 하는 직업군에서는 어려움을 겪지만 사회적으로 고립되어 하는 일은 잘 해낸다.

② DSM-5 진단기준

1 다양한 형태의 사회적 유대로부터 반복적으로 유리되고, 대인관계에서 제한된 범위의 감정 표현이 전반적으로 나타나며, 이러한 양상이 성인기 초기에 시작되며 여러 상황에서 나타나고 다음 중 4가지 이상에 해당될 때 분열성 성격장애로 진단한다. 1) 가족과의 관계를 포함해서 친밀한 관계를 바라지도 않고 즐기지도 않는다. 2) 항상 혼자서 하는 행위를 선택한다. 3) 다른 사람과의 성적 경험에 대한 관심이 거의 없다. 4) 거의 모든 분야에서 즐거움을 취하려 하지 않는다. 5) 일차 친족 이외의 친한 친구가 없다. 6) 다른 사람의 칭찬이나 비난에 무관심하다. 7) 감정적 냉담, 유리 혹은 단조로운 정동의 표현을 보인다.
2 단, 조현병, 정신병적 양상을 동반한 양극성 장애 또는 우울장애, 다른 정신병적 장애 혹은 자폐스펙트럼장애의 경과 중 발생한 것은 분열성 성격장애로 진단하지 않으며, 다른 의학적 상태의 생리적 효과로 인한 것이 아니다.

③ 원인 : 정신분석적 입장에서는 분열성 성격장애를 어려서부터 자신의 부모로부터 거부당하거나 수용을 받지 못한 기본적 신뢰의 결여에 기인한 것으로 본다. 분열성 성격장애를 지닌 사람들은 일반적으로 조용한 성격을 지니고 수줍어하며 순종적인 태도를 보인다. 또한 분열성 성격장애를 지닌 사람들은 본인의 내면 속에 있는 공상세계에서 욕구를 해소하는 경향을 지니고 있다.

Balint(1979)는 분열성 성격장애자들은 대인관계에 결함이 있으며 이러한 결함은 부모로부터 양육되는 과정에서 경험하는 부적절감 때문이라고 주장한다. Akhtar(1987)는 분열성 성격장애의 외현적 상태와 내현적 상태를 구분하였으며, 외현적 상태에서는 대인관계에 정서가 부족한 것 같지만 내현적으로는 섬세하고 경계적인 면이 있다고 주장한다. 외현적 상태와 내현적 상태의 차이는 자기표상의 '분열성'을 반영한다. 분열성은 정체감의 혼란으로 이어져서 대인관계형성에 어려움을 초래한다는 주장이다.

인지적 입장에서는 분열성 성격장애의 원인을 부정적 자기개념과 대인관계 회피에 관한 사고라고 본다.

④ 치료 : 분열성 성격장애 환자들은 대인관계에 매우 소극적이기 때문에 본인이 자발적으로 도움을 요청하는 경우는 드물기에 분열성 성격장애 환자의 소극적 태도를 폭넓게 수용하며 치료에 임해야 한다. 사회적 상황이나 대인관계에 적응적으로 만들기 위해서는 분열성 성격장애 환자의 사회적 상황에서의 철수 경향을 줄이고, 폭넓은 정서적 경험을 할 수 있도록 하여야 한다.

▌분열형 성격장애(Schizotypal Personality Disorder)

① 의의 : 분열형 성격장애는 사람과의 교제에 서투르고 현실적인 일보다는 비현실적인 것에 흥미를 느끼는 기이한 생각과 행동적 특성을 지니고 있어, 사회적인 부적응을 보이는 성격장애를 의미한다. 분열형 성격장애는 분열성 성격장애와 유사한 특성이 있으나, 대인관계에 대한 불안감과 비현실적인 경미한 사고장애, 다른 세계에 살고 있는 사람처럼 행하는 기괴한 언행을 나타낸다는 점에서 구분되고, 대인관계에서의 결함과 사회적 결함으로 인하여 다른 성격장애보다 심각한 사회적 부적응을 경험한다.

② DSM-5 진단기준

1 친분 관계를 급작스럽게 불편해하고 그럴 능력의 감퇴 및 인지 및 지각의 왜곡, 행동의 괴의성으로 구별되는 사회적 및 대인관계의 결함의 광범위한 형태로 이는 성인기 초기에 시작되며 여러 상황에서 나타나고 다음 중 5가지(또는 그 이상)로 나타난다.
1) 관계사고(심한 망상적인 관계망상은 제외)
2) 행동에 영향을 주며, 소문화권의 기준에 맞지 않는 이상한 믿음이나 마술적인 사고를 갖고 있다.(예, 미신, 천리안, 텔레파시, 육감에 대한 믿음, 다른 사람들이 내 느낌을 알 수 있다고 한다. 아동이나 청소년에서는 기이한 공상이나 생각에 몰두하는 것)
3) 신체적 착각을 포함한 이상한 지각경험
4) 이상한 생각이나 말을 한다.(예, 모호하고 우회적, 은유적, 과장적으로 수식된, 또는 상동적인)
5) 의심하거나 편집성 사고
6) 부적절하고 제한된 정동
7) 기이하거나 편향되거나 괴의한 행동이나 외모
8) 일차 친족 이외에 친한 친구나 측근이 없다.
9) 친하다고 해서 불안이 감소하지 않으며 자신에 대한 부정적인 판단보다도 편집증적인 공포와 관계되어 있는 과도한 사회적 불안

B. 조현병, 정신병적 양상을 동반한 양극성장애 또는 우울장애, 다른 정신병적 장애 혹은 자폐스펙트럼장애의 경과 중 발생한 것은 여기에 포함시키지 않는다.

③ 원인 : 분열형 성격장애의 첫 번째 요인은 생물학적 입장에서의 유전적 요인으로 직계가족에서 분열형 성격장애의 유병률이 높다고 보고 있다. 분열형 성격장애는 정신분열증과 매우 밀접한 유전적 소인이 관여하는 것으로 추정되고 있다. 두 번째 요인은 정신분석적 입장에서 유아기에 경험한 부모와의 불안정한 애착관계가 원인이라고 본다. 분열형 성격장애를 지닌 사람들은 어린 시절 부모로부터 무관심과 무시를 받으며 성장(조성호, 2000)하여 기질적으로 수동적이며, 부모의 애정과 관심의 유인실패의 결과로 인간관계에 필요한 기본적인 애착행동을 학습하지 못하여 분열형 성격장애가 발생한다고 주장하였다. 세 번째 요인으로는 인지적 입장에서 분열형 성격

장애자들만의 독특한 사고와 다양한 개인화, 정서적 추론, 인지적 추론 등의 인지적 왜곡을 보인다고 주장한다.(Beck & Freeman, 1990)

④ 치료 : 분열형 성격장애자의 치료에는 약물치료와 인지행동적 치료가 도움이 된다. 정신분석적 치료보다는 구체적인 사회기술 훈련에 의해 적응상태가 개선된다고 본다. 분열형 성격장애의 치료를 위해서 인지 치료에 대한 구체적인 내용으로는 첫째, 사회적 고립을 줄이는 치료적 관계를 수립하고 둘째, 사회적 기술훈련과 적절한 모방학습을 통해 사회적으로 적절한 행동을 증가시키며, 셋째, 치료회기를 구조화하여 체계적으로 진행하며, 마지막으로 정서적 느낌보다는 객관적 증거에 의거하여 자신의 사고를 평가하도록 교육한다.(Beck & Freeman, 1990)

4) B군 성격장애

▮ 반사회성 성격장애(Antisocial Personality Disorder)

① 의의 : 반사회성 성격장애는 사회규범과 법을 지키지 않으며, 무책임하고 폭력적인 행동을 반복적으로 나타내어 사회적 부적응을 초래하는 성격장애를 의미한다. 반사회성 성격장애를 지닌 사람들의 주요 특징은 자신의 쾌락과 이익을 위해 타인을 냉혹하게 착취하며, 이를 위해서는 수단과 방법을 가리지 않으며, 타인을 공감하지 못하기 때문에 남을 해치거나 타인의 권리나 감정을 무시한다. 또한 사회적 규범이나 통념을 경시하거나 때로는 적대시한다.

② DSM-5 진단기준

1 15세 이후에 시작되고 다음과 같은 사람들의 권리를 무시하는 행동양상이 있고 다음 중 3가지 또는 그 이상을 충족한다.
   1) 체포의 이유가 되는 행위를 반복하는 것과 같은 법적 행동에 관련된 사회적 규범에 맞추지 못한다.
   2) 반복적으로 거짓말을 한다. 가짜이름 사용, 자신의 이익이나 쾌락을 위해 타인을 속이는 사기성이 있다.
   3) 충동적이거나, 미리 계획을 세우지 못한다.
   4) 신체적 싸움이나 폭력 등이 반복됨으로써 나타나는 불안정성 및 공격성
   5) 자신이나 타인의 안전을 무시하는 무모성
   6) 일정한 직업을 갖지 못하거나 혹은 당연히 해야 할 재정적 의무를 책임감 있게 다하지 못하는 것 등의 지속적인 무책임성
   7) 다른 사람을 해하거나 학대하거나 다른 사람 것을 훔치는 것에 대해 아무렇지도 않게 느끼거나 이를 합리화하는 등 양심의 가책이 결여된다.

2 최소 18세 이상이어야 한다.

3 15세 이전에 품행장애가 시작된 증거가 있다.

4 반사회적 행동은 조현병이나 양극성장애의 경과 중에만 발생되지는 않는다.

③ 원인 : 반사회성 성격장애에는 생물학적 입장에서 유전적 요인에 관한 연구로써, 쌍둥이 연구와 입양아 연구가 있으며 범죄행위의 일치성에서는 쌍둥이가 상관관계가 높고 입양아 연구에서는 양부모보다 친부모가 범죄자인 경우에 상관관계가 높아, 유전적 소인이 더 강한 것으로 보고 있다. 그리고 환경적 요인에서는 거칠고 거절을 잘하며 지배적인 부모의 태도, 남성, 도시 빈민가 출신, 많은 형제, 사생아나 입양아, 부모의 방임적 양육태도, 어린 시절의 신체적 학대경험, 교사로부터의 낙인 경험, 대가족, 범죄자인 부모나 형제, 거칠고 엄격한 부모나 수동적이고 무관심한 부모, 부모 간의 갈등이 반사회성 성격장애의 원인이라고 본다.

정신분석적 입장에서는 반사회성 성격장애의 원인으로 어머니와 유아 간의 관계형성의 문제에 기인한다고 본다. 기본적 신뢰가 형성되지 못하여 폭력적이고 파괴적인 방법으로 타인과 관계를 맺으려는 시도가 반사회성 성격으로 나타난다는 것이다. 공감능력의 결여로 타인에게 상처를 입히는 것에 대한 불안이나 죄책감을 느끼지 못하며, 초자아가 발달의 부족으로 도덕성이 결핍되고 타인에 대한 배려의식이 부족하다는 특성을 보인다.

마지막으로 인지적 입장에 따르면, 반사회성 성격장애의 원인은 독특한 신념체계 때문이라고 보고 있다.

④ 치료 : 대부분의 반사회성 성격장애자들은 치료자를 자발적으로 찾아오는 경우가 드물다. 법원의 명령이나 중요한 사람에 의해 강제로 의뢰되는 경우가 많다. 따라서 치료에 대한 동기 부족으로 치료가 어려운 경우가 많다. 또한 반사회성 성격장애자는 권위적 인물에 대한 저항이 강하기 때문에, 치료자의 중립적이고 수용적인 태도가 무엇보다도 요구된다. 법적인 면책이나 현실적 이득을 위해 치료에 태도를 위장하기도 한다. 반사회성 성격장애의 치료는 구체적인 부적응적 행동을 변화시키는 행동치료적 접근이 더 효과적이라고 알려져 있다. 반사회성 성격장애로 발전의 예방을 위하여 조기 개입이 무엇보다 중요하다고 볼 수 있다.

경계선 성격장애(Borderline Personality Disorder)

① 의의 : 경계선 성격장애는 극단적인 정서변화와 충동성과 불안정한 대인관계를 특징적으로 나타내는 성격장애를 의미하며, 경계선 성격장애의 가장 큰 특징은 기분이 아주 좋았다가 슬프다든가, 자신감이 넘쳤다가 위축되는 등 극단적인 심리적 불안정성이다. 이런 상태는 기분과 대인관계에서 뚜렷하게 나타난다. 특히 경계선 성격장애를 지닌 사람들은 항상 자기를 지켜주며 애정 결핍을 치유해 줄 사람을 갈구하며 그런 사람을 만나게 되면 기대가 급상승해서 점점 의존하게 된다. 그러나 상대방이 과도한 기대감이 부담스러

워 멀어지게 되면 버림받을지도 모른다는 불안감에 사로 잡혀 극심한 실망과 분노를 느끼며, 우울, 불안, 공포 등을 자주 경험하고 행동적인 측면에서는 부적절한 행동을 반복하는 등의 경계선 성격장애 증상을 보이게 된다.

② DSM-5 진단기준

대인관계, 자아상 및 정동의 불안정성과 현저한 충동성의 광범위한 형태로 성인기 초기에 시작되며 여러 상황에서 나타나고 다음 중 5가지(또는 그 이상)를 충족한다. 1 실제 혹은 상상 속에서 버림받지 않기 위해 미친 듯이 노력한다.(주의점 : 5번 진단기준에 있는 자살행동이나 자해 행동은 포함하지 않는다.) 2 과대이상화와 과소평가의 극단 사이를 반복하는 것을 특징으로 하는 불안정하고 격렬한 대인관계의 양상 3 정체성 장애 : 자기 이미지 또는 자신에 대한 느낌의 현저하고 지속적인 불안정성 4 자신을 손상할 가능성이 있는 최소한 2가지 이상의 경우에서의 충동성 (예, 소비, 물질남용, 좀도둑질, 부주의한 운전, 과식 등) (주의점 : 5번 진단기준에 있는 자살행동이나 자해행동은 포함하지 않는다.) 5 반복적 자살행동, 제스처, 위협 혹은 자해행동 6 현저한 기분의 반응성으로 인한 정동의 불안정(예, 강렬한 삽화적 불쾌감, 과민성 또는 불안이 보통 수 시간 동안 지속되며 아주 드물게 수일간 지속된다.) 7 만성적인 공허감 8 부적절하고 심하게 화를 내거나 화를 조절하지 못한다.(예, 자주 울화통을 터트리거나 늘 화를 내거나 자주 신체적 싸움을 한다.) 9 일시적이고 스트레스와 연관된 피해적 사고 혹은 심한 해리증상

③ 원인 : 경계선 성격장애의 원인은 생물학적 입장, 정신분석적 입장, 인지적 입장으로 구분하여 살펴볼 수 있다. 생물학적 입장에서는 경계선 성격장애의 원인을 충동적, 공격적인 기질을 선천적으로 타고난다고 보고 있다. 세로토닌의 활동수준의 저하, 외상경험으로 인한 뇌의 신경인지적 결함이 경계선 성격장애의 원인이라는 보고도 있다.

정신분석적 입장에서는 경계선 성격장애의 원인을 분리-개별화 단계에서 심한 갈등을 경험한 후 극심한 불안 속에서 자신이 버림받게 되는 것에 대한 강렬한 두려움을 경험한다는 말러의 발달이론에 근거하여 설명하고 있다.(Kernberg, 1975)

인지적 입장에서는 3가지의 독특한 내면적 믿음(① 세상은 위험하며 악의에 가득 차 있다. ② 나는 힘없고 상처받기 쉬운 존재다. ③ 나는 원래부터

환영받지 못할 존재이다.)으로 인하여 경계선 성격장애가 발생한다고 주장하고 있다.

④ 치료 : 경계선 성격장애의 치료에는 정신역동적 치료와 인지행동치료, 약물치료가 모두 포함된다.

경계선 성격장애는 치료자의 반응을 자주 오해하고 공격적으로 반응하여 자살 위협을 하는 등 비협조적인 태도를 보이기 때문에 안정적인 치료적 관계 형성이 어렵다. 이와 같은 이유로 경계선 성격장애 환자를 치료할 때에는 애매모호한 답변보다는 일관성 있고 명료한 답변을 하여 치료관계 형성에 무엇보다도 많은 노력을 기울여야 한다.

정신역동적 치료에서는 자아를 강화하여 충동 통제력을 향상시키고, 안정된 자아인식과 대인관계를 형성하며, 긍정적이고 지지적인 내면 강화라는 목표를 가지고 치료를 실시한 인지행동치료에서는 치료관계 형성과 흑백논리적 사고를 다루어 인지적 오류가 미치는 영향을 인식시켜 현실에 적응적인 사고를 가질 수 있도록 돕는다.

경계선 성격장애를 지닌 사람이 자기파괴적 행동이나 자살시도를 한다면 약물치료를 동반하여야 한다. 약물치료로는 분노, 충동성, 정서 불안정 등을 조절하기 위하여 항우울제나 항정신병 약물 또는 기분 조절제 등이 증상에 따라 이용된다.

연극성 성격장애(Histrionic Personality Disorder)

① 의의 : 타인의 애정과 관심을 받지 못하면 자신은 존재할 가치와 이유가 없다고 믿기에 상대에게 지나친 감정표현을 하며 정서적인 불안정과 대인관계의 갈등을 초래하는 성격장애를 연극성 성격장애라고 한다. 연극성 성격장애를 가진 사람들의 특징은 같이 있는 사람에게서 관심을 집중시키는 것이 자신의 존재가치를 올리는 일이라고 생각한다. 자신의 경험과 감정을 지나치게 표현하며 감정기복이 심하여 연극성 성격장애는 자기애성 성격장애보다 더 불안정한 요소를 지니고 있다고 할 수 있다. 타인의 시선과 평가를 매우 중요하게 여기며 대인관계가 지속될수록 지나치게 요구적으로 변하기 때문에 상대방이 부담스럽게 느껴질 수 있고 연극성 성격장애를 가진 사람은 거절에 대한 두려움을 지니고 있으며, 성격장애 중에서 가장 충동적이기 때문에 자살이나 약물남용 등에 빠지기 쉽다.

② DSM-5 진단기준

과도한 감정성과 주의를 끄는 광범위한 형태로 이는 성인기 초기에 시작되며 여러 상황에서 나타나고 다음 중 5가지(또는 그 이상)로 나타난다.
1 자신이 관심의 중심에 있지 않는 상황을 불편해한다.
2 다른 사람과의 관계행동이 자주 외모나 행동에서 부적절하게 성적, 유혹적 내지 자극적인 것으로 특징지어진다.
3 감정이 빠른 속도로 변화되고 피상적으로 표현된다.
4 자신에게 관심을 집중시키기 위해 지속적으로 외모를 사용한다.
5 지나치게 인상적이고 세밀함이 결여된 형태의 언어를 사용한다.
6 자기극화, 연극성, 그리고 과장된 감정의 표현을 보인다.
7 피암시적임. 즉, 다른 사람이나 상황에 의해 쉽게 영향을 받는다.
8 실제보다도 더 가까운 관계로 생각한다.

③ 원인 : 정신분석적 입장에서는 어린 시절의 오이디푸스 갈등에서 기인한 것으로 본다. 여성의 경우 어머니의 애정부족에 실망을 느끼고 자신의 의존욕구를 충족시켜줄 대상으로 아버지에게 집착하며, 아버지의 관심을 얻기 위해서 애교스럽고, 과장된 감정 표현 양식을 습득하게 되어 연극성 성격장애로 발전한다고 설명한다. Abraham(1927)은 심리성적 발달단계의 구순기 고착현상과 연극성 성격장애가 밀접한 관련이 있다고 보았다. 즉 남근기 고착이 연극성 성격을 유발할 수 있다고 보았다. 인지적 입장에서는 연극성 성격장애자들의 독특한 신념과 사고방식이 장애원인이라고 보았으며, 이들은 "나는 부적절한 존재이며 혼자서 삶을 영위하는 것이 힘들다"는 핵심적 믿음을 지니고 "나를 돌보아줄 사람을 찾아야 한다."고 생각하며 적극적으로 관심과 애정 추구하고, 타인이 자신의 생존에 중요하다고 보기 때문에 모든 사람으로부터 애정을 받아야 한다는 신념을 가지게 된다고 주장한다.

④ 치료 : 연극성 성격장애 환자는 인정받고자 하는 욕구와 치료자에게 거부당하는 것에 대한 두려움 때문에 치료자에게 의존하려 들거나 지나치게 협조적인 태도를 보일 수 있다. 그리고 치료자를 조정하거나 성적인 연인으로 대하려는 경향이 있으므로 심리치료는 대인관계에 초점을 맞추고 변함없이 안정된 자세로 치료적 관계형성에 주력하고, 장기적이고 안정적인 애정을 얻을 수 있는 적절한 현실적 방법을 습득시킨다.

자기애성 성격장애(Narcissistic Personality Disorder)

① 의의 : 자신의 위대함에 대한 생각이나 행동, 칭송받고 싶은 욕구, 공감의 결여가 과도한 자기사랑과 자기도취로 인해 나타나며 이로 인하여 사회적 부적응을 초래하는 성격장애를 자기애성 성격장애라고 한다. 자기애성 성격장애를 지닌 사람은 자기를 특별한 존재라고 생각하고 자기도취에 빠져 있기 때문에 다른 사람들의 특별대우를 바라지만, 과장되어 있는 자기상이 현실 세계 속에서는 자주 상처를 입게 되므로 우울해지거나 분노를 느끼게 된다. 자기가 특별한 존재라는 것을 증명하기 위해 유명한 사람들과 절친한 친구인 것처럼 말하기도 하고 사회적 지위가 높은 사람에게 접근하기도 한다. 외현적 자기애(overt narcissism)는 객관적으로 관찰 가능할 정도로 자기애적 속성이 외적으로 드러나는 경우이며 내현적 자기애(covert narcissism)는 겉으로는 자기애적 행동특성이 잘 나타나지 않지만 내면의 깊숙한 곳에 자기애적 성격특성을 지니고 있는 것을 말한다. 자기애성 성격장애를 지닌 사람들은 수줍고 내향적이며 타인의 반응에 매우 민감하며 조심스러운 행동을 보이며, 자존감이 취약하기 때문에 비판이나 패배를 전혀 수용하지 못하고 작은 실수나 결점을 지적당하면 마치 자기 자신의 전부가 부정당한 듯한 느낌을 갖게 된다. 때로는 자신에 대한 비난으로 자기의 불안정성과 결점이 폭로되는 것이 두려워서 사회적 자폐 증상을 보이기도 한다.

② DSM-5 진단기준

과대성(공상 또는 행동상), 숭배에의 요구, 감정이입의 부족이 광범위한 양상으로 있고 이는 청년기에 시작되며 여러 상황에서 나타나고 다음 중 5가지(또는 그 이상)로 나타난다.
1 자신의 중요성에 대한 과대한 느낌을 가진다.(성취와 능력에 대해서 과장한다. 적절한 성취 없이 특별대우 받기를 기대한다)
2 무한한 성공, 권력, 명석함, 아름다움, 이상적인 사랑과 같은 공상에 몰두한다.
3 자신의 문제는 특별하고 특이해서 다른 특별한 높은 지위의 사람(또는 기관)만이 그것을 이해할 수 있고 또는 관련해야 한다고 믿는다.
4 과도한 숭배를 요구한다.
5 특별한 자격이 있는 것 같은 느낌을 가진다.(특별히 호의적인 대우를 받기를, 자신의 기대에 대해 자동적으로 순응하기를 불합리하게 기대한다)
6 대인관계에서 착취적이다.(자신의 목적을 달성하기 위해서 타인을 이용한다)
7 감정이입의 결여 : 타인의 느낌이나 요구를 인식하거나 확인하려 하지 않는다.
8 다른 사람을 자주 부러워하거나 다른 사람이 자신을 시기하고 있다고 믿는다.
9 오만하고 건방진 행동이나 태도

③ 원인 : 자기애성 성격장애의 원인은 생물학적, 심리적, 환경적 요인으로 설명하고 있다. 정신분석적 입장에서는 자기애를 심리적 에너지가 자신에게로 향해져 자신의 신체를 성적인 대상으로 취급하는 태도라고 보고, 어린 시절에는 정상적일 수 있으나, 성숙한 형태로 발전하지 못하면 병적인 자기애가 나타날 수 있음을 주장한다. 코헛은 어린아이는 양육과정에서 누구나 정상적인 자기애를 경험한다고 하였다. 그러나 좌절 경험이 지나치게 충격적일 경우에는 이를 수용하지 못하고 자기보호를 위해서 자기애에 지나치게 집착하게 되어 자기애성 성격장애로 발전하게 된다고 주장하였다. Kernberg는 자기애성 성격으로 발전할 가능성이 있는 아이는 특별한 재능을 가지고 있거나 가족 내에서 중요한 위치에 있는 경우가 많다고 주장하였다. 또한 모친의 특별대우로 인해 칭찬받지 못하는 불안을 외면하기 위해 이상적이고 긍정적인 자기상을 부풀려서 상상하게 되고, 이상적인 어머니상을 만들어 간직하는 과정에서 병리적인 융합과정이 발생하게 된다고 보았다. 인지적 입장에서는 자기애성 성격장애자들의 부적응적 행동을 유발하는 독특한 사고과정과 신념이 긍정적인 자기상을 강화하는 반면, 부정적인 정보는 무시하거나 왜곡하여 이러한 신념에 일치하는 정보에는 주의를 기울이고 반대되는 정보는 무시하거나 왜곡하는 과정을 반복적으로 수행하여 자기애성 성격장애를 유발한다고 설명하였다.

④ 치료 : 코헛(Kohut(1968))은 자기전능감에 가득 차있는 과대자기와 성장시기의 부모의 이상적인 모습을 부모가 적절한 시기에 채워주지 못하였기 때문에 자기애성 성격장애가 발생한다고 설명하였다. 즉 내담자가 과거에 실패했던 부모와의 관계를 치료자와의 관계 속에서 재현하고자 하며, 치료자에게 이러한 과거의 좌절된 욕구를 충족시켜 달라고 무언의 압력을 가하게 되는데 이때 치료자가 이러한 욕구를 충분히 공감하고 이해를 해주는 것이 중요하며, 이 때 어린 시절의 상처를 회복하면 자기애성 성격특성이 완화된다고 주장하였다. 또한 매스터슨(James Masterson)은 자기애성 성격장애는 자기를 부정함으로써 자기 자신이 나락으로 떨어지는 것을 방어하기 위해서 과도하게 자기를 강조하는 자기애형 방어형태의 자기애성 성격장애가 발생한다고 보았다. Kernberg(1975)는 전이과정에서 나타나는 방어기제에 대한 해석에 중점을 두고 욕구를 수용해주기보다는 해석과 직면을 통해 자신의 양극화된 측면을 스스로 통합하도록 해야 한다 주장하였다.

5) C군 성격장애

▌ 회피성 성격장애(Avoidant Personality Disorder)

① 의의 : 회피성 성격장애는 다른 사람과 만남을 통하여 문제를 해결해야 한다든지, 또는 함께 과제를 수행해내야 한다든지 하는 상황에서 실패나 상처받는 것을 두려워해서 문제해결을 회피하거나 사회적 상황을 회피함으로써 적응에 어려움을 나타내는 성격장애를 회피성 성격장애라고 한다. 회피성 성격장애를 지닌 사람들은 실패를 두려워해서 시도조차 하지 않으려고 한다. 이들은 내면적으로는 애정에 대한 강렬한 소망과 거절에 대한 두려움을 동시에 지니고 있기 때문에 많은 것들을 경험하고 즐거움을 추구하기 보다는 심리적인 긴장 속에서 불안, 슬픔, 좌절감, 분노와 같은 감정을 만성적으로 지니는 경향이 있으며, 기분장애나 불안장애를 동반하기도 하며, 자신에 대한 타인의 부정적인 평가를 두려워하여 무엇을 하는 것보다는 아무것도 하지 않는 것이 더 낫다는 생각을 신념처럼 가지고 있다. 따라서 회피성 성격장애를 지닌 사람들은 자신이 한 행위의 적절성을 항상 의심하면서 남들의 반응을 매우 예민하게 받아들이고 해석한다. 또한 자신이 없기 때문에 매사에 소극적이며 대인관계에서는 혼자 있는 것을 선호하며 설령 사귄다고 하더라도 상처받는 것을 두려워해서 깊이 사귀지는 못한다.

② DSM-5 진단기준

사회관계의 억제, 부적절감, 그리고 부정적 평가에 대한 예민함이 광범위한 양상으로 나타나고 이는 청년기에 시작되며 여러 상황에서 나타나고 다음 중 4가지(또는 그 이상)로 나타난다.

1 비판이나 거절, 인정받지 못함 등 때문에 의미 있는 대인 접촉이 관련되는 직업적 활동을 회피한다.

2 자신을 좋아한다는 확신 없이는 사람들과 관계하는 것을 피한다.

3 수치를 당하거나 놀림 받음에 대한 두려움 때문에 친근한 대인관계 이내로 자신을 제한한다.

4 사회적 상황에서 비판의 대상이 되거나 거절되는 것에 집착한다.

5 부적절감으로 인해 새로운 대인관계 상황에서 제한된다.

6 자신을 사회적으로 부적절하게, 개인적으로 매력이 없는 다른 사람에 비해 열등한 사람으로 바라본다.

7 당황스러움이 드러날까 염려하여 어떤 새로운 일에 관여하는 것, 혹은 개인적인 위험을 감수하는 것을 드물게 마지못해서 한다.

③ 원인 : 회피성 성격장애의 원인을 생물학적 입장에서는 위험에 대한 과도한 생리적 민감성 때문이라고 보고 있다. 회피성 성격장애를 지닌 사람들은 교감신경계의 생리적 민감성이 과도하여 자율신경계의 이상을 가져와 미래의 위험이나 부정적 결과가 예상될 때에 교감신경계의 과도한 흥분을 유발하여 회피성 성격장애의 증상을 보인다고 주장한다. 그리고 정신역동적 입장에서는 회피성 성격장애자의 주된 감정을 수치심이라고 보며, 수치심은 자신에 대한 부정적 자아상과 밀접한 관련이 있으며 수치심이라는 부정적인 감정으로부터 자신을 보호하기 위해서 대인관계를 회피하게 된다고 주장한다. 인지적 입장에서는 회피성 성격장애를 지닌 사람들은 자신에 대한 부정적인 신념("어차피 안 돼", "역시 나를 싫어할 거야", 사람들이 나를 바보로 생각할 거야", "나는 매력이 없어") 때문에, 타인과의 관계에서 거부당하거나 비난당할 것이라는 믿음을 지니고 있으며, 자신이 무능하고 장점이 하나도 없어 실패할 것이고 사람들은 자신을 싫어할 것이라는 인지적 왜곡(이분법적 사고, 의미확대 및 의미축소, 정신적 여과)을 일으키게 된다고 주장한다.

④ 치료 : 회피성 성격장애의 가장 주된 치료는 개인 심리치료로서, 내담자의 주체성과 기분을 존중해 주어 치료자의 거부를 두려워하여 수동적이고 소극적인 자세를 극복할 수 있도록 하는 것이다. 또한 치료자가 자신을 좋게 생각하는지를 끊임없이 시험하는 경향이 있으므로 내담자가 주체성을 가질 수 있을 때까지 치료자는 인내심을 가지고 기다려야 하며, 회피는 심리적 외상경험이나 지속적인 스트레스에 대한 반응으로 나타나기 때문이라는 사실을 충분히 공감하며 내담자가 위축되지 않도록 노력해야 한다. 치료자는 내담자의 성장기 동안에 가족으로부터 받은 수치스러운 경험이나 외상적 경험을 탐색하고 변함없는 지지와 수용적 자세를 유지하여 내담자의 저항을 극복해야 한다. 또한 인지행동치료에서는 치료자는 내담자의 불안에 대한 조절능력을 향상시키고 회피행동을 극복할 수 있도록 긴장이완기법이나 복식호흡 훈련을 시행하도록 하고, 내담자가 회피하는 사회적 상황에 대한 점진적 노출 기법이나 대인관계 기술 훈련, 인지적 왜곡과 역기능적 신념의 수정 작업을 실시하여 회피성 성격장애를 치료한다.

의존성 성격장애(Dependent Personality Disorder)

① 의의 : 의존성 성격장애는 자기 주체성 없이 스스로 결정하지 못하고 어떤 일이든 타인에게 과도하게 의존하거나 보호받으려는 행동을 특징적으로 나타내는 성격장애를 의미한다. 의존성 성격장애를 지닌 사람들은 사회적 활동에 소극적이고 책임을 져야하는 지위를 피하며 결정을 내려야 하는 상황

에서 심한 불안감을 느껴서 주변에서 늘 의지할 대상을 찾으며, 의지할 대상을 찾으면 버림받는 것에 대해 불안해하며 그에게 매우 순종적이고 복종적인 태도를 취한다. 그들은 자신감을 갖고 당당하게 행동하는 사람들에게 압도를 당해 경외심을 가지고 그들을 바라보기에 종종 이용당하기도 한다. 그리고 의존성 성격장애를 지닌 사람들은 자신을 연약한 모습으로 나타내어 지지와 보호를 유도하고, 힘든 상황에서는 다른 사람에게 매달리거나 무기력해 하는 성향이 있으나 그들의 지나친 의존행위로 인하여 상대는 부담감을 느끼기 때문에 관계가 오래 지속되지는 못하는 경향이 있다. 그리고 의존성 성격장애를 지닌 사람들은 타인에게 거절과 버림을 받게 되면 깊은 좌절과 불안으로 인해 적응기능이 현저하게 떨어지는 경향과 다른 성격장애, 특히 경계성, 회피성, 연극성 성격장애와 함께 나타나는 경향이 있다.

② DSM-5 진단기준

돌봄을 받고자 하는 광범위하고 지나친 욕구가 복종적이고 매달리는 행동과 이별 공포를 초래하며, 이는 청년기에 시작되며 여러 상황에서 나타나고 다음 중 5가지(또는 그 이상)로 나타난다.

1 타인으로부터 과도히 많은 충고, 또는 확신 없이는 일상의 판단을 하는데 어려움을 겪는다.

2 자신의 생활 중 가장 중요한 부분에 대해 타인이 책임질 것을 요구한다.

3 지지와 칭찬을 잃는 것에 대한 공포 때문에 타인과의 의견 불일치를 표현하는데 어려움을 나타낸다.(주의점 : 보복에 대한 현실적인 공포는 포함하지 않는다)

4 계획을 시작하기 어렵거나 스스로 일을 하기가 힘들다.(동기나 에너지의 결핍이라기보다는 판단이나 능력에 있어 자신감의 결여 때문이다)

5 타인의 돌봄과 지지를 지속하기 위해 불쾌한 일이라도 자원해서 한다.

6 혼자서는 자신을 돌볼 수 없다는 심한 공포 때문에 불편함과 절망감을 느낀다.

7 친밀한 관계가 끝나면 자신을 돌봐주고 지지해줄 근원으로 다른 관계를 시급히 찾는다.

8 자신을 돌보기 위해 혼자 남는데 대한 공포에 비현실적으로 집착한다.

③ 원인 : 의존성 성격장애의 원인에 대하여, 정신분석학자인 에이브러햄(Abraham (1927))은 의존성 성격장애는 심리성적 발달단계의 고착현상으로 보고, 구강기에 고착된 결과로 설명하였으며, 구강기 성격은 의존성, 혼자됨에 대한 불안, 비관주의, 수동성, 인내심 부족, 언어적 공격성의 특성을 나타낸다고 보았다. 인지적 입장에서는 의존성 성격장애는 독특한 신념체계와 밀접한 관련성을 가지고 있으며, “나는 근본적으로 무력하고 부적절

한 사람이다", "나는 혼자서는 세상에 대처할 수 없으며 의지할 사람이 필요하다"는 기본적 신념을 가지고 있기 때문에, 타인에게 의존하고 보살핌을 얻는 대가로 자신의 권리나 주장을 포기하게 하며, 의존과 독립에 대한 흑백논리적 사고를 지니고 삶의 방식은 완전히 의존적이거나 완전히 독립적인 것 중 하나이며, 독립적인 존재로 혼자 살아가는 것에 대한 두려움이 극단적인 의존적 삶을 선택하게 한다고 설명하고 있다. 따라서 의존성 성격장애를 지닌 사람들은 문제해결능력, 독립적인 생활을 영위할 수 있는 자기주장 방법 등을 배우지 못하고 의존성이 강화되어 독립적인 존재로 혼자 살아가는 것에 대한 두려움으로 극단적인 의존적 삶을 선택한다고 설명하고 있다.

④ 치료 : 의존성 성격장애자에 대한 정신역동적 치료에서는 그들이 지니고 있는 상실과 독립에 대한 불안을 직면시켜 의존적 소망과 패턴을 좌절시키고 독립적으로 생각하고 행동할 수 있도록 돕는다. 심리치료에서 자신의 의존성을 치료자에게 드러내고, 치료자는 내담자의 치료를 위해 의존적인 관계를 맺어야 하지만 내담자가 점차로 치료자의 도움을 필요로 하지 않는 독립적인 사람이 되도록 도와야 한다. 특히 종결 무렵 문제가 악화되는 경향성이 있으므로, 의존적 내담자의 특성을 잘 인식하고 바람직한 치료관계를 맺어야 한다. 치료목표는 독립이 아닌 자율. 독립은 타인에게 의존하지 않는 삶을 지향하는 것이므로 힘들고 부담스러운 목표지만, 자율은 타인으로부터 독립적으로 행동하는 동시에 친밀하고 밀접한 인간관계를 유지할 수 있음을 의미한다. 이를 위해 자기신뢰와 자기효능감을 증진시킬 필요가 있다. 인지행동치료에서는 의존성 성격장애자에 대한 치료목표를 독립이 아닌 자율에 두고 생활 속의 여러 문제들을 스스로 해결할 수 있는 문제해결능력과 의사결정기술을 습득하게 한다. 또한 의존성 성격장애 내담자들은 우울증이나 불안장애를 수반하므로 항우울제나 항불안제와 같은 약물이 처방될 수 있다.

강박성 성격장애(Obsessive-Compulsive Personality Disorder)

① 의의 : 강박성 성격장애는 생활의 한 부분을 완벽하게 수행하기 위해서 지나치게 완벽주의적이고 세부적인 사항에 집착하며 과도한 성취지향성과 인색함을 특징적으로 나타내는 성격장애를 말한다. 강박성 성격장애를 가진 사람은 감정표현을 억제하는 경향이 있으며, 지나치게 양심적이고 소심하고 도덕적인 가치관을 가지고 있어 자기가 정한 기준이나 가치관을 강박적으로 지키려고 한다. 또한 이들은 지나친 완벽주의적 성향과 세부적 사항에 대한 집착으로 인해 오히려 비효율적인 삶을 살게 되며, 상황을 통제할 수

없게 되었을 때 직접적인 표현을 잘 하지 않지만 불안이나 분노를 느낀다. 그리고 자신만의 일하는 방법이 있고 이를 정확하게 알고 있으며 그 방법을 따르지 않는 사람에게는 일을 위임하지 않아서 거의 혼자 일하는 경우가 많다.

② DSM-5 진단기준

융통성, 개방성, 효율성을 희생시키더라도 정돈, 완벽, 정신적 통제 및 대인관계의 통제에 지나치게 집착하는 광범위한 양상으로 이는 청년기에 시작되며 여러 상황에서 나타나고 다음 중 4가지(또는 그 이상)로 나타난다.
1 내용의 세부, 규칙, 목록, 순서, 조직 혹은 스케줄에 집착되어 있어 활동의 중요한 부분을 놓친다.
2 완벽함을 보이나 이것이 일의 완수를 방해한다.(자신의 완벽한 기준을 완벽하지 못해 계획을 완수할 수 없다)
3 여가 활동이나 친구 교제를 마다하고 일이나 성과에 지나치게 열중한다. (경제적으로 필요한 것이 명백히 아니다)
4 지나치게 양심적임. 소심함 그리고 도덕 윤리 또는 가치관에 관하여 융통성이 없다.(문화적 혹은 종교적 정체성으로 설명되지 않는다)
5 감정적인 가치가 없는데도 낡고 가치 없는 물건을 버리지 못한다.
6 자신의 일하는 방법에 대해 정확하게 복종적이지 않으면 일을 위임하거나 함께 일하지 않으려 한다.
7 자신과 타인에 대해 돈 쓰는 데 인색하고 돈을 미래의 재난에 대해 대비하는 것으로 인식한다.
8 경직되고 완강함을 보인다.

③ 원인 : 정신분석적 입장에서는 강박성 성격장애가 심리성적 발달 단계에서 오이디푸스 시기의 거세불안으로 인해 항문기의 안정된 상태로 퇴행한 것으로 본다. 항문기적 성격 특성은 규칙성, 완고성, 인색함, 정서적 억제, 자기회의, 강한 도덕의식이 있으며, 이는 배변 훈련 과정에서 나타난 어머니의 양육태도와 관련이 있다고 보았다. 배변과정에서의 갈등이 감정표현의 곤란과 완고함을 발생시켰다고 본다. 그리고 부모의 과잉통제적인 양육방식이 강박성 성격장애를 초래한다는 주장도 있다. 인지적 입장에서는 독특한 신념체계가 강박성 성격장애의 원인이라고 보고, 강박성 성격장애를 지닌 사람들은 “나는 나 자신 뿐 아니라 내 주변 환경을 완벽하게 통제해야 한다” “나는 실수를 하지 않아야만 가치 있는 존재이다”와 같은 신념체계와 흑백논리적 사고, 재난적인 사고, 의미확대 및 의미축소 등의 인지적 오류를 자주 범한다고 주장한다.

④ 치료 : 강박성 성격장애의 치료에서는 신뢰로운 치료적 관계를 형성하는 것이 무엇보다 중요하다고 할 수 있다. 그러나 치료 초기에 정서적 유대관계를 성급히 형성하려 시도하는 것은 대인관계를 중요히 생각하지 않는 경향의 강박성 성격장애 환자들에게는 오히려 부정적 결과를 초래하기도 한다. 강박성 성격장애에 대한 정신역동적 치료에서 치료자는 내담자의 엄격한 초자아를 수정하고, 어린 시절 부모와의 관계 속에서 내담자가 경험했던 분노, 증오, 의존과 같은 부정적이고 수용할 수 없는 감정을 자각하도록 한다. 인지행동치료에서는 내담자의 현재 문제에 초점을 맞추고 부적응적 신념을 탐색하고 이들의 부정적 결과를 확인하여 이해하도록 하여 현실적응적인 신념으로 변화시키도록 한다.

참고문헌

F.Thompson / 뇌 : 신경과학 입문 / 김기석 / 성화사 / 1989
E. Bruce Goldstein / 감각과 지각 / 정찬섭 외 공역 / 시그마프레스 / 2000
박성연, 백지숙 / 인간발달 / 파워북 / 2011
구은미, 박성혜 외 2명 / 아동상담 / 양서원 / 2016
이항재 / 아동발달 / 교육과학사 / 2004
정옥분 / 발달심리학 : 전생애 인간발달 / 학지사 / 2014
방선욱 / 심리학의 이해 / 교육과학사 / 2003
김경희 / 아동심리학 / 박영사 / 2005
조복희, 도현심 외 1명 / 인간발달 / 교문사 / 2016
이현림, 김영숙 / 인간발달과 교육 / 교육과학사 / 2016
손영화 / 인간관계 심리학 / 학지사 / 2016
최현석 / 인간의 모든 감정 / 서해문집 / 2011
권석만 / 젊은이를 위한 인간관계의 심리학 / 학지사 / 2016
정미경, 문은식, 박선환, 박숫희, 이주희, 최순영 / 심리학 개론 / 양서원 / 2016
다음국어사전
한국방송통신대학교 / 상담심리학 / pp. 52～53
jung / 1981 / p. 53
박노권 / 종교심리학 3주차 "칼 융의 분석심리학 / p. 2
김성봉, 황혜리 / 상담 및 치료의 이론과 실체 6판 / 시그마프레스 / pp. 60～63
Jung / 1982 / pp. 95～6
Richard Nelson-Jones / 2016 / pp. 96～97
Rogers and Sanford / 1985 / p. 1397
민경환 외 공역 / 심리학 개론 / 시그마프레스 / 2011
현성용 외 공저 / 현대 심리학 입문 / 학지사 / 2016
신용식 / 소방공무원의 외상후스트레스장애, 직무스트레스, 우울증에 대한 고찰-경기도 소방공무원을 중심으로 / 한국방재학회 논문집 제15권2호 / 2015
민경환 공역 / 심리학개론 / 시그마프레스 / 2013 / pp. 736～745
천성문 외 / 상담심리학의 이론과 실제(3판) / 학지사 / 2015
양명숙 외 / 상담이론과 실제 / 2014 / 학지사
정옥경 외 / 직업심리학 / 2017 / 에듀윌
김재환 외 / 임상심리검사의 이해(2판) / 학지사 / 2014
최정윤 / 심리검사의 이해(2판) / 시그마프레스 / 2016
이우경, 이원혜 공저 / 심리평가의 최신흐름 / 학지사 / 2012
현성용 외 / 현대 심리학 입문 / 학지사 / 2016
권석만 외 / 심리학의 이해 / 학지사 / 2012
권석만 / 현대 이상심리학(2판) / 학지사 / 2014
권석만 / 이상심리학의 기초 / 학지사 / 2014
이우경 / 최신 이상심리학 / 학지사 / 2016
김청송 / 사례중심의 이상심리학(2판) / 싸이북스 / 2016
권준수 외 공역 / DSM-5 정신질환의 진단 및 통계 편람(제5판) / 학지사 / 2015
오카다 다카시 / 나만 모르는 내 성격 / 유인경 / 모멘토 / 2016
현성용 / 현대 심리학 입문(2판) / 학지사 / 2016
성한기 / 사회심리학 / 대구가톨릭대학교 / 2014

위키백과
구글사전
나무위키
네이버사전
https://blog.naver.com/wngjamij3/1300067 70230
https://brunch.co.kr/@yonghheo/237
http://cfile6.uf.tistory.com/attach/244C754E520B844B329FCF
http://ppbang.ti story.com/173
kidmind.co.kr
https://www.sciencedaily.com/releases/2011/11/111128171220.htm
https://namu.wiki/w/%ED%8C%8C%EC%9D%BC:attachment/skinner.jpg
https://en.wikipedia.org/wiki/Noam_Chomsky
https://en.wikipedia.org/wiki/Edward_Sapir
https://en.wikipedia.org/wiki/Benjamin_Lee_Whorf
https://en.wikipedia.org/wiki/Jean_Piaget
https://blog.naver.com/wngjamij3/130006770230
http://www.koreapsy.kr/shop/list.php?zipEncode===qm90wDoftz0f2yMetpSfMvWLME

찾아보기

(기타)

20세 심층심리학 15
3인 체제 17
4인 체제 17

(영문)

Abraham 198
Abraham Tesser(1933) 113
Adams 73
Adler의 개인심리학 87
Akhtar 192
Allport, 1968 107
Asch 124
Asch의 집단압력의 연구(1955) 123
Balint 192
Bandura 90
Binet 156, 165
Bond와 Smith(196) 125
C. Spearman 162
Cameron 191
Cattell 156
Clark 인지이론 189
Columbia호 127
D. Wechsler 157
Darwin 50
EMDR 180
Erikson 심리사회 이론 94
F. Galton 155
Foa와 Riggs 180
Freud 82, 191
Freud의 정신분석이론 77
G. Hull(1951) 52
Gardner 163
Hering의 대립과정설
(opponent process theory) 38
Hermann Rorschach 157
Herzberg 53
Hurvich와 Jameson(1974) 38
J. Guilford 163
Janis(1983) 127
Kernberg 200
L. Terman 156
Lee의 사랑의 유형 130
Maslow(1954) 53
McDougall 50
Murray 157
personality(성격) 73
R. cattell 165
REM 34
Rogers의 인간중심이론 91
Schultz 73
Sheldon 75
Sherif의 규범형성 연구(1935, 1937) 122
Skinner의 조건형성 88
Stenberg 164
Thurstone 162
W. James 50
Walker, Hariman과 Costelo(1980) 125
Watson 14
Wechsler 165
Whilhelm Wundt 13
Willam James 14
Wundt 155
Young-Helmholtz의 삼원색설
(trichromatic theory) 38

(ㄱ)

가설검증 21
가족 유사성 141
각성(arousal)의미 33
감각 35
감각 순응(sensory adaptation) 36
감각변환(transduction) 37
감각분극 상태 / 전위 및 활동 전위 24
감각운동기(0~2세) 98
감음신경성 청각장애(sensorineural deafness) 40
감정 15
감정의 분리 80
강박 및 관련 장애 173
강박성 성격장애 204, 206
강압(coercion) 125
강화(reinforcement) 114
강화물 89

강화와 처벌 88
개념 141
개인무의식 85
객체(object) 자기 116
게루 13
게슈탈트심리학 41
결론적으로 꿈이란 33
경계선 성격장애 195, 196, 197
계량심리학 19
고대 12
고대 희랍시대 12
고정관념 58
고정관념(stereotype) 132
고착(fixation) 82
공감 93
공공연한 편견 131
공유지의 비극
(The tragedy of the commons) 111
공포증 186
공황장애 187, 188
과분극상태 / 전위 24
과정이론 77
과제난이도 71
과학시대 13
과학적 10
관용 대 정체 104
관음증(voyeurism) 131
관찰(observation) 114
관찰학습(observational learning) 90
교감신경계 28
교류분석(transactional analysis) 16
교류분석적 접근 16
교육 16
교육심리학 20
구강기 83
구성주의 접근 13
구체적 조작기(7～11세) 99
군중심리(Crowd Mind)의 의미 128
권위의 법칙 121
귀의 구조와 기능 39
귀인요소 71
귀인의 원인 70
귀인이론 71
그림자(shadow) 87
근대·현대 심리학 13
근면성 대 열등감 103
근접성의 효과(Proximity effect) 129
급식 및 섭식장애 174
기능적 고착 143
기능주의 심리학 14
기본 특질(cardinal trait) 76
기술(description) 112
기술발달 12
기아증(pedophilia, 소아 성애증) 131
기억구조 10
기저핵(basal ganglia) 28
깊이지각(depth perception) 43
꿈 분석 15
꿈과 수면 주기 34

(ㄴ)

난이도 70
남근기 83, 84
내성 13
내적 71
내적 기능 연구 18
내적동기 56
내현적 자기애 199
노력 71
노프에피네프린(norepinephrine) 26
뇌 27
뇌(brain) 28
뇌기능 10
뇌와 수면 33
눈의 구조와 기능 37
뉴런 23
능동적 행위 15
능력 71
니체 13

(ㄷ)

단안단서(monocular cues) 44
단어재인 137
대뇌변연계(둘레계통, Limbic system) 29
대뇌피질(cerebral cortex) 30
대상영속성(object permanence) 98
대상피질(cingulate cortex) 30
도구적 조건 형성화 117
도널드 마이켄바움(Donald Meichenbaum) 152
도식(Schema) 98

도파민(dopamine) 26
동기 15
동기 접근 113
동기이론 54
동조(conformity) 122
동화(assimilation) 98
두정엽(primary somatosenson cortex) 31

(ㄹ)

로버트 S. 우드워스 50
로크(Locke) 12
루두스 130
르네상스 12
리비도(libido) 78
링겔만 효과(ringelman effect) 110

(ㅁ)

마니아 130
마르크스 13
마음 10
마음과 행동 10
마음챙김 인지치료 186
마조히즘(masochism) 131
말초신경계
(Peripheral nervous system, PNS) 27
매슬로우 53
매슬로우 욕구위계이론 93
맥두걸 50
모간과 킹 48
모방 89
목표성취동기이론 57
무의식 78
무의식적 동기 15
무조건적인 긍정적 존중 93
문제해결 142
문화 125
물 개인화 110
물적 자기(material self) 115
물질－관련 및 중독 장애 175
물활론 99
뮐러－라이어 착시 40
미래지향적 58
밀(Mill) 12

(ㅂ)

바슐라르 13
바이너(Weiner) 71
바이오피드백 153
반동형성 80
반사회성 성격장애 194, 195
반응적 행동 88
발달심리학 19, 94
방어기제(mechanism of defense) 79
배설장애 174
범불안장애 184, 185, 186
범주화 141
변별 자극 88
변환적추리 99
병렬처리 38
보상(rewards) 125
보상성 130
보완성(complementtariness) 130
보존 100
복구 80
본능 9
본능론 : Freud, Lorenz, McDougall 113
본보기 이론 142
부교감신경계 28
부분강화 52
부인 81
부인 수준 81
부적강화 52
분극 상태/안전 전위(＝쉬는 상태) 24
분산 / 갈등(distraction / conflict theory) 109
분열성 성격장애 191, 192
분열형 성격장애 193
분트 13
불안장애 172
불안정성 71
브론펜브레너(Bronfenbrenner) 16
비고츠키 140
비상상황 69
비합리적인 힘 15
빛의 본질 37

(ㅅ)

사고 15
사람(person)의 정의 113
사람의 행동 15

사랑, 사회소속감 추구 욕구
(Love and Belonging needs) 93
사례연구 21
사피어(Edward Sapir) 139
사회 인지(social cognition) 108
사회과학 9
사회심리학 18, 107
사회심리학자들 68
사회인지이론(Bandura) 89
사회적 10
사회적 동물 18
사회적 딜레마(social dilemma) 111
사회적 상황(social situation) 113
사회적 원인 113
사회적 자기(social self) 115
사회적 정체성(social identity) 108
사회적 증거의 법칙 121
사회적 지지 153
사회적 촉진(social facilitation) 109
사회적 태만(social loafing) 109
산업 및 조직심리학 20
상담심리학 20
상호결정론 90
상호성의 법칙 120
생득주의 139
생리심리학 19
생리적 10
생리적 욕구 53
생리적 욕구(Physiological needs) 93
생식기 83, 84
생태학(ecological theory) 16
생태학적 접근 16
생활모형 17
생활양식 16
생활주기 102
생활주기론 102
서열조작 100
설득 120
설명(explanation) 112
성격심리학 19
성격의 정의 74
성격장애 176, 189
성기능장애 174
성도착장애 176
성불편증 175
성취 57
세로토린(serotonin) 26
세포체 25
세포체(신경세포체)(soma or cell body) 24
셀리그만 182
셀리에(Selye) 149
소낭 25
소뇌(cerebellum) 29
소리파(음파) 39
소방관 11
소방심리학 20
소방안전교육사 56
소방안전교육현장 11
소속감과 사랑의 욕구 53
소질－스트레스 모형 접근 171
수동공격성 82
수면(sleep) 33
수면과 관련된 뇌파
(electroencephalography, EEG) 33
수면－각성장애 174
수상돌기 25
수상돌기(dendrite) 24
수용전념치료 186
수초(myelin sheath) 24
스콜라 철학 12
스키너 139
스탠리 밀그램 68
스텐버그(Sternberg) 130
스토르게 130
스트레스 145, 150
스트레스 접종 훈련
(Stress Inoculation Training : SIT) 152
스트레스의 증상 146
스펜서(Spencer) 12
승화 79
시각 정보의 처리 37
시냅스전달(뉴런 간 정보전달) 25
시상(thalamus) 29
시상하부(hypothalamus) 30
시선수렴(convergence) 44
신경발달장애 171
신경인지장애 175
신경증적 경향성 77
신경통합의 원리 25
신뢰감 대 불신감 102
신뢰도 161
신체증상 및 관련 장애 173

신호탐지(signal detection theory) 36
실인증(blindsight) 38
실험 21
실험심리학 19
심리 10
심리과정 19
심리사회이론 100
심리적 10
심리측정 19
심리치료방법 15
심리학 9
심미적 욕구 53
심신상관론 12
심신일원론 12

(ㅇ)

아가페 130
아니마와 아니무스(anima and animus) 86
아들러(Adler) 15
아들러(Alderlr)의 ERG 이론 54
아리스토텔레스(Aristotle) 12
아세틸콜린(acetylcholine : ACH) 26
아이젱크(Eysenk) 특질론 76
안전의 욕구 53
안전의 욕구(Safety needs) 93
안정성 71
안정성 차원 70
알츠하이머병 26
암묵적인 편견 132
양극성 및 관련 장애 172
양안 부동(binocular disparity) 43
양안단서(binocular cues) 43
억압 80
억압적 대처 151
억제 80
언어상대성이론 139, 140
에로스 130
에릭슨(Erikson) 100
에릭슨의 심리사회적 발달이론의 이해 94
에이브러햄 203
에이브러햄 H. 매슬로 49
역하자극(subliminal stimulation) 36
연구방법 10, 21
연극성 성격장애 197, 198
연속강화 52
연합(association) 114
열정(passion) 131
영역 16
영혼 10
예언(prediction) 112
예측 10
올포드(Allport)의 특질론 76
외상 및 스트레스 관련 장애 173
외상후 스트레스 장애(PTSD) 177, 179, 180
외적 71
외적보상 55
외향성 – 내향성 77
외현적 자기애 199
욕구 54
우울장애 172
운 71
워프(Benjamin Whorf) 139
원초아(id) 77
원형 141
월터 B. 캐넌 50
웨버의 법칙(weber's law) 36
위생이론 53
유기체적 평가과정 92
유머 79
유사성 129
유아기 16
유전적 차이 113
유형이론(typology) 74
음소 136
음운 135
음의 고저지각 39
응용심리학 19
응종(compliance) 125
응집력(cohesion) 124
의식 78
의식의 작용 10
의존성 성격장애 202, 203
의존성 성격장애자 204
의학자 10
이상행동 167, 168
이상화 80
이완 치료(relaxation therapy) 153
이차적 충동 52
이차적특질(secondary) 76
이타주의 79
인간 18

인공론 99
인문학 9
인지 90
인지 부조화 이론 118
인지/지각심리학 19
인지부조화 118
인지심리학자 54
인지이론 187
인지주의 접근 18
인지행동기법 186
인지행동치료 197, 202, 204, 206
일관성의 법칙 120
일반적응증후군 149
일상생활 21
일치성 92
임상심리 20
임상심리학 20

(ㅈ)

자기 114
자기 지각 이론(self-perception theory) 119
자기(self) 87
자기개념(self-concept) 91
자기애성 성격장애 199, 200
자기효능감(self-efficacy) 90
자동적인 편견 132
자신감 58
자아 통합성 대 절망감 105
자아(ego) 78, 100
자아상 51
자아실현의 욕구(self-actualization needs) 93
자아이론(self-theory) 109
자아정체감 대 역할혼미 103
자아정체감(ego-identity) 101
자연적 관찰 21
자유연상법 15
자율성 대 수치심 및 의심 103
자율신경계 27
자폐적 공상 81
잠복기 83, 84
장소이론(place theory) 39
재구성 전략 152
적응(adaptation) 98
전개념(2~4세) 99
전경과 배경 42
전능감 80
전도성 청각장애(conduction deafness) 39
전두엽(frontal lobes) 30
전문성(expertise) 125
전의식 78
전조작기(2~7세) 98
전치 80
절대역(absolute threshold) 36
점성원리(epigenetic principle) 101
정보(information) 126
정신 10
정신과정 10
정신론 12
정신병적 경향성 77
정신분석적 입장 192, 195, 198, 205
정신분석적 접근 15
정신분열 스펙트럼 및 기타 정신증적 장애 172
정신역동적 치료 197, 204
정신역동치료 186
정신적 억제수준 80
정신적 자기(spiritual self) 115
정신치료 상담 16
정적강화 52
조작적 조건형성 138
조작적 행동 88
조절(accommodation) 98
조직 16
존경의 욕구(Esteem needs) 93
존중의 욕구 53
종말단추(terminal button) 24
죄수의 딜레마 게임
(prisoner's dilemma game) 111
쬘러 착시 41
주도성 대 죄책감 103
주요 우울장애 180
주지화 80
주체(subject) 자기 116
주파수이론(frequency theory) 39
준거세력(referent power) 126
중세 12
중세기 12
중심특질(central trait) 76
중추신경계(Central Nervous System, CNS) 27
지각집단화 42
지그문트 프로이드 50
지능 156, 162, 163, 164

지능검사 158
지위 125
지적 욕구 53
직관적 사고(4~7세) 99
직무 스트레스 147
집단개념 126
집단규범 126
집단극화(Group Polarization)의 개념 128
집단사고(Group Thinking) 127
집단역학(group dynamics) 132

(ㅊ)

차별(discrimnation) 133
차이역(difference threshold) 36
처벌 89
척수 27
철학자 10
청각장애 39
체성신경계 27
초자아(superego) 78
촘스키 139
추동이론(drive theory) 109
축색(axon) 24
축색종말 25
측두엽(temporal lobes) 31
친밀감 대 고립감 104
친밀감(intimacy) 130

(ㅋ)

카텔(Cattell)의 특질론 75
칵테일파티효과(cocktail party effect) 40
칼 구스타프 융 35
칼 구스타프 융
(Carl Gustav Jung, 1875~1961) 85
코헛(Kohut) 200
쾌락원리(pleasure principle) 78
크래츠머(Kretschemer)의 체격론 75

(ㅌ)

타당도 160
태도의 의의 117
통사 처리과정 138
통제 10
통제(control) 112
통제불가능성 71
투사 81
투사적 검사 158
투사적 동일시 81
투신(commitment) 131
특질이론(Trait theory) 75
특징 탐지 37

(ㅍ)

파괴적, 충동통제장애 및 품행장애 175
파킨슨병(parkinson's disease) 26
페르소나(persona) 86
페스팅거 (Leon Festinger) 118
페스팅거의 이론 118
페티시즘(fetishism) 131
편견 132
편견(prejudice)의 개념 131
편도체(amgdala) 30
편집성 성격장애 190, 191
평가절하 80
표본조사 21
프래그마 130
프로이드 이론과
에릭슨의 발달이론의 차이점 95
프로이드의 도식 35
플라톤(Plato) 12
피아제(Piaget) 140

(ㅎ)

하이더의 균형이론 118
학문 10
학습 117
학습된 무기력이론 182
학습심리학 19
학습이론 접근 114
합리적 대처 151
합리화 81
합법적 권위(legitimate authority) 125
항문기 83
해리장애 173
해마(hippocampus) 30
행동과학자 웬디정 10
행동유도성(affordance) 113

행동주의 이론 88
행동주의적 접근 14
행동형성 89
행동화 81
허즈버그 53
헤링 착시 41
형식적 조작기(11～15세) 100
형이상학적 12
호감 129
호감의 법칙 121
회피성 성격장애 201, 202
후두엽(occipital lobes) 31
훈련 11
희귀성의 법칙 122
히포크라테스 12
히포크라테스(Hippocrates)의 체액론 74

저자 : **김미라**

- 조선대학교 일반대학원 이학박사
- 동신대학교 일반대학원 상담심리학과 박사수료
- 조선대학교 일반대학원 책임교수
- 현) 호남대학교 외래교수
  대구사이버대학교 외래교수

저자 : **김동영**

- 부산대학교 경영학 석사
- 동신대학교 일반대학원 상담심리학과 박사수료
- 전문상담사 2급 (한국상담학회)
- 임상심리사 2급 (한국산업인력공단)
- 현) 행복한 심리 · 언어 상담센터 공동대표

저자 : **최 진**

- 전남대학교 교육대학원 교육학 석사
- 동신대학교 일반대학원 상담심리학과 박사수료
- 응급구조사 2급
- 심폐소생술 전문강사
- 현) 소방공무원 재직

소방인을 위한 심리학 정가 15,000원

발 행 2025년 3월 10일 초판 2쇄
저 자 김미라 · 김동영 · 최진
발행인 정우용
발행처 도서출판 **동화기술**
경기도 파주시 광인사길 201(문발동, 파주출판도시)
Tel (031)955-4211~6 donghwapub@nate.com
Fax (031)955-4217 www.donghwapub.co.kr
(등록) 1977년 12월 19일/9-16호

Printed in Korea
ISBN 978-89-425-9191-6